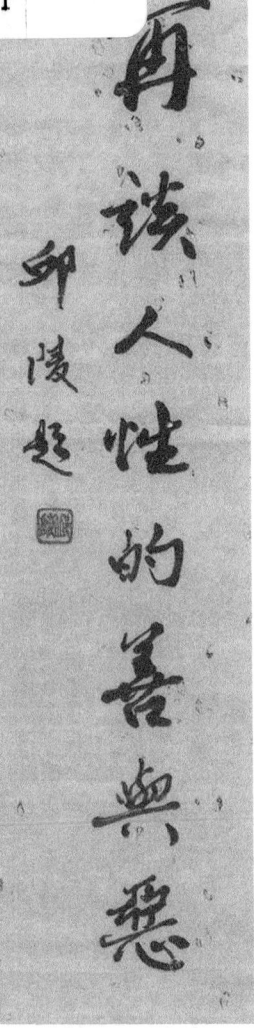

再谈人性的善与恶

季一举 著

经济管理出版社

图书在版编目（CIP）数据

再谈人性的善与恶/季一举著 .—北京：经济管理出版社，2017.12（2018.4重印）

ISBN 978-7-5096-5511-5

Ⅰ.①再… Ⅱ.①季… Ⅲ.①人性—研究 Ⅳ.①B82-061

中国版本图书馆 CIP 数据核字（2017）第 286910 号

组稿编辑：丁慧敏
责任编辑：丁慧敏
责任印制：黄章平
责任校对：王淑卿

出版发行：经济管理出版社
（北京市海淀区北蜂窝 8 号中雅大厦 A 座 11 层　100038）
网　　址：www.E-mp.com.cn
电　　话：（010）51915602
印　　刷：北京九州迅驰传媒文化有限公司
经　　销：新华书店
开　　本：720mm×1000mm/16
印　　张：13.5
字　　数：161 千字
版　　次：2018 年 1 月第 1 版　2018 年 4 月第 2 次印刷
书　　号：ISBN 978-7-5096-5511-5
定　　价：48.00 元

·版权所有　翻印必究·

凡购本社图书，如有印装错误，由本社读者服务部负责调换。

联系地址：北京阜外月坛北小街 2 号

电话：（010）68022974　邮编：100836

前 言

本书是在2013年由辽宁人民出版社出版的《谈人性的善与恶》一书的基础上做进一步的探究和论证。笔者对原著的第一篇做了必要的调整，充实了现今著名学者对人性善恶论辩和对作者的见解，并突出（明）阳明先生对人性善、恶的独到论说。而对原著的第二篇、第三篇则做了较大篇幅的修改和补充，并在第三篇中重点阐述了人的自然性和社会性以及人的先天性和后天性两者的关联和区别，以使人们更好地理解和认识人的善、恶本性。还新增了第四篇"扬善抑恶"。

在原著三篇中，笔者论述了历史上对人的本性是善还是恶的争辩和人在后天社会的善、恶行为的表现以及人的后天的可塑性和导向。但对人在后天现实社会生活中如何扬善抑恶却很少涉及。此次再谈就特增写了此篇，以弥补前书未接"地气"之缺憾！

增写的第四篇是针对我国特色社会主义体制，对人性后天在社会的善、恶行为，如何有效进行引导和惩治而达到扬善抑恶之目的。对此，笔者提出了自己的见解，愿与广大读者朋友共同研讨和交流，以期达到人与人之间最大限度的和谐和友情，使国家能长治久安，使绝大多数民众能齐心协力共圆我们伟大民族的复兴之梦。

在前言中需要首先解说的是：什么是人性？什么又是人性的善与恶？所谓人性是指人的本性，是与生俱来的自然属性，即人的天性。人的本性包括了人的全部情感和欲求，这是不教而能、不学而会的。据《礼记·礼运》篇记述，人有"喜、怒、哀、惧、爱、恶（嫌恶）、欲"之情欲。其中的"爱"和"欲"则是构成人的社会善、恶行为的因素和根源。爱的内涵就是人的同情、怜悯之心，即我国圣哲孔子所说的"仁（人）者爱人"之感情。是构成人性善的因素，因而所有人的社会善行均由此而引发。而"欲"则是人的食、色之欲，正如《礼记》所说："饮食男女人之大欲存焉！"而人后天又生活于社会，还得加上衣、食、住、行、钱，则就成了多种欲求。又由于人对物质需求存有贪婪、占有的欲望，因而人的所有社会恶行便由此而发。所以这里所说的人性的善与恶，是指人的大脑中先天存有善和恶的因素，是引发人的后天社会善、恶行为的根源！故我国诸子百家在其经典著作中所说的"性善、性恶"现时也均应体认，是指人性善的因素和人性恶的因素，或称它为"基因"也未尝不可。

在此特地说明：人性中善、恶因素的存在，是被人拥有知识所认识到的。由于人的大脑特别发达，具有高度的智力，在后天社会实践中获取和积累了丰富的经验，逐渐体认到什么是善行，什么又是恶为，而其行为发生的根源，都是源于人的本性中潜在善、恶（情欲）因素所致。这应是人类对自身认识的一次重大发现！而发现者应首推我国的圣哲孔子、孟子和荀子。

笔者之所以在前言中先阐释，因在本书有关章节对人性善与恶展开探讨时，均与上述认知有关。由于笔者的知识水平所限，本书写作难免有疏漏和错误之处，还企盼专家和广大读者予以批评指正，笔者将不胜感激！

最后，本书的出版是想起到"投石问路，抛砖引玉"的作用。所以热切企盼专家、学者能继续不断地对人性的善与恶问题予以研讨和探究，以期收到更大的成效！达到造福社会、造福人民的目的，这也是一个88岁老人最大的心愿。

目 录

第一篇　从孟子和荀子对人性善、恶的争论说起 /1

　　第一章　孟子、荀子对立双方的立论和评判 /3

　　第二章　主张性善论者 /13

　　第三章　主张性恶论者 /33

　　第四章　主张人性无善无恶论者 /50

　　第五章　主张人性善、恶兼具论者 /58

第二篇　人的本性既善又恶 /63

　　篇首语 /65

　　第六章　人性善的根源及其行为表现 /70

　　第七章　人性恶的根源及其行为表现 /85

　　第八章　人的后天性趋向善 /103

第三篇　人性后天的可塑性和导向 /107

　　第九章　人的先天性与后天性 /109

　　第十章　人性的可塑性和导向 /117

　　第十一章　后天人性善、恶的相互转化 /125

　　第十二章　知识与人的善、恶行为的关系 /133

　　第十三章　良知的呼唤 /145

第四篇　扬善抑恶 /149

　　篇首语 /151

　　第十四章　德治 /154

　　第十五章　法治 /162

　　第十六章　监督 /172

　　第十七章　自律 /185

附录一　我与他 /195

附录二　人性与体育 /201

附录三　一管之见 /205

第一篇

从孟子和荀子对人性善、恶的争论说起

第一章

孟子、荀子对立双方的立论和评判

人性的善、恶确是一个很复杂而难解的课题，因为这关系到人的动物性和社会性；关系到人的先天性和后天性；关系到人的生理和心理；以及关系到人的心（脑）思维和情感，这都决定人性善、恶生发和趋向。又由于人在后天社会所处的环境、地位、立场和观点不同，影响着人性善、恶的改变和走向。所有这些都会给人的善、恶本性认定带来疑难和困惑，引起人们对人性善、恶问题的争论和对立，从古至今已延续2000多年。时至今日还没有定论，仍是一大公案。

人性善、恶对立观点的出现，最早要上推至先秦时期的孟子和荀子。孟子（约公元前372~前289年），名轲，战国中期邹国（今山东省邹县）人，是著名的哲学家、政治家、教育家。受业于孔子之孙子思的门人，其著作有《孟子》。

孟子在孔子及其门人人性善说的基础上进行了深入的研判，认定人的本性就是善的，开创了人性本善之说。

他说："恻隐之心，人皆有之；羞恶之心，人皆有之；恭敬之心，人皆有之；是非之心，人皆有之。恻隐之心，仁也，羞耻之心，义也；恭敬之心，礼也；是非之心，智也。仁、义、礼、智，非由外铄（授予）我也，我固有之也，弗思耳矣。"（《孟子·告子（上）》）他举例说："今人乍见孺子，将入于井，皆有怵惕恻隐之心，非所以内交于孺子之父母也，非所以要誉于乡党朋友也，非恶其声而然也。"（《孟子·公孙丑上》）意思是说：如果一个人忽然看见一个小孩爬到井边，快要掉入水井，立刻都会产生惊骇、同情、怜悯的心情，急着伸手去救援。这样做，不是为了想与孩子的父母攀结交情，也不是为了在乡亲朋友中博取什么名声，更不是讨厌孩子的哭叫声，而完全是人的本性使然。以上，便是孟子人性本善的基本立论。

孟子用心善来说明人的性善，这应是基于性的载体是心（与脑同——引者注），心的载体是身，两者统一于一体，而为人所具有善的本性。孟子所以用心善来表明性善，这是因为他认为心之器官有自主思维认知的功能，而能触景（事物）生情。他说"心之官则思，思之得之，不思则不得也。"（《孟子·告子》）说明，通过心的思考，就能发掘出自有善性，遇事便会立即反映出仁爱的"恻隐之心"，若不去思考就将失去爱心，对外界无动于衷。这与孔子所说"仁远乎哉：我欲仁，斯仁至矣"（《论语·述而》）是一脉相承的。

孟子对人都具有恻隐、同情之心的认知，与古希腊哲人苏格拉底一样，应是在"认识你自己"上的一大发现！由于人都具有感同身受的天然共性，即他人遭受的苦难虽未亲身经历，但同样也会产生类似的感应。这是因人属于同类，并具有相同的情感。令人惊喜的是，这一经典的认知，现已被科学实验所证实。根据西班牙《先锋报》网站2017年6月10日报道，神经学家已绘制出首张同情心大脑"地图"。此报道已于2017年6月13日被我国《参考消息》第7版"科技前沿"转载。现将有关原文摘录如下（见黑体字）：

当人们阅读一个悲惨故事时，大脑会再现故事主人公的痛苦经历，使阅读者体会这种经历，然后反映在行为上。这是两个情感进程：对他人感受的体会和从这种体会中生发出同情心。这就像一个硬币的正反两面。同情心是人类社交行为的基础。

美国科罗拉多大学博尔德分校的研究人员日前首次绘制出人脑内与同情心机制相关的"地图"。利用神经成像技术，研究人员发现，同情心机制上述两个进程的大脑回路是不同的，所涉及的情绪也不同。这一新"地图"发表在美国《神经元》月刊上。

研究人员对66名志愿者进行了核磁共振成像检查，以掌握他们大脑不同区域的实时情况。在扫描过程中，这些志愿者聆听了24个从慈善组织网站获取的真实故事。在这些故事中，主人公经历了绝症、强奸等各种痛苦。扫描结束后，志愿者们又听了一遍这24个故事，然后将自己对主人公经历的体会和同情程度描述出来。

通过对扫描结果和描述情况的比照分析，研究人员发现，当人们了解到他人的痛苦经历时，会先对这种痛苦感同身受，因为大脑中与自身相似感受有关的区域此时被激活。该研究报告的第一作者阿沙尔解释说："这就是一些研究人员所说的'照镜子'机制。促使我们的大脑模拟出相似体验，从而产生同情心。"

对他人的痛苦感同身受之后，同情心便随之产生。阿沙尔说："这

时会产生一种同情他人的柔情,刺激我们去帮助同情的对象。而此时,与勇气、信任、支持和社交行为相关的其他大脑回路将会被激活。"

上述摘录可以印证孟子所提的"四心"之说,笔者则确认只有为首的"恻隐之心"是人与生俱来的天性。是不教而知、不学而能的,是人所固有的仁爱情感之心。这应是颠扑不破的真理,不仅为从古至今社会客观事实所印证,现又被科学实验证明。而其他"三心"则应是人在社会实践中获取了知识和经验后衍生,应是后天文化呈现的社会属性。而将"羞耻、恭敬、是非之心"统统纳入人的先天所固有,这就是混淆了先天与后天的本末关系,显然是不当的。由此将"仁、义、礼、智之四端"等同并列同样也站不住脚。因义、礼、智三端应是由仁(人)爱之心在社会践行的基础上的理性认知所生发的外在表现。在这一点上,与孟子同时代的告子认识得就比较明确,他说:"仁内也,非外也;义外也,非内也。"(《孟子·告子(上)》)最后,孟子也认可仁、义、礼、智是不等同的,而是由仁统摄。他在《尽心》下篇中就说:"仁也者,人也。"表明仁人是一体的,仁爱是人的唯一属性。即孔子所说"仁者爱人"的仁爱之心。总之,人的同情、怜悯之情感是构成人性本善的因素和根源!

对此,学贯中西的现代文人林语堂先生,晚年也有一段感悟之言:"我们在这里面对着一种宇宙的奇怪事实,即人有纯洁的、神圣的、想为善的愿望,而人爱人及帮助别人是不需要了解的决定的事实。人努力趋向善,而觉得内心有一种力量逼他去完成自己,差不多像鲑鱼本能地到上游产卵一样。"[①] 这正像法国现代哲学家皮埃尔·阿多对古希腊哲

[①] 林语堂:《信仰之旅》,香港道声出版社 1994 年版。

人苏格拉底曾经所体认的那样。阿多说："唯一的知识存在于来自内心的个人发现。在苏格拉底那里，这样内在性由于精灵而得以加强，因为他说神灵的声音向他说话，制止他干某些事情，这是神秘经验或者一种神秘想象吗？很难说。总之，我们可以从中看到一种后来被称之为道德良知的雏形。"① 这些都应是人的大脑存有的同情因素所致，是大脑相应区域一种自然的冲动，是人心灵的呼唤！

但是，孟子在认知人性本善的同时，却否定人的本性尚有恶的存在。这又呈现出他的认知具有片面性。若是人的本性都是纯善，白璧无瑕，那么后天的恶人、恶事从何而来，如何产生？若是人性全善，那么后天社会也用不着费上九牛二虎之力来进行品德教育和思想道德建设，更无须制定出一系列的法律、法规来对人的行为进行规范和制约，这样岂不是多此一举？

孟子曾对此在其《孟子·告子（上）》中做过解说，他认为人的恶性原因：一是耳目口鼻之欲所引。二是受到后天不良环境影响所致，人的恶性便可由此而生。但这样的说法也很难使人信服，因为若人的本性中根本就不存在恶的因素，怎么可能会引出恶来？恶并不是横空出世的，不能无中生有。三是人的本性若全都是善的，那么后天社会环境怎么又可能产生坏的影响？这些都是很难解说的。其实人的本性除有善性外，还有恶性，这都是人客观存在的自然属性，既不能被催生，也不能被消亡。

现在就孟子所提人的恶性起因做一分析：首先从人的耳目口鼻之欲所引来说，只要这种欲望仅是为了自身的生存需要，而不侵犯他人，其

---

① 皮埃尔·阿多：《古代哲学的智慧》，上海译文出版社2012年版。

本身并不是恶性行为。人纵然要去作恶，那也是受其心脑思考作用所支配，耳目口鼻只是承担接受和反馈信息而已。总之是被动地去执行。众所周知，在我们现实生活中，人们有时为了正义与自由，采取绝食行动予以抗争，这就充分证明口鼻是完全处于被动的状态，尽管此时饥肠辘辘，口欲食但由于受到心脑意志的支配，口就硬不张开进食！再是，若性是纯善的，那么心脑又怎么会去指挥耳目口鼻？还应加上肢体去作恶。于是，有的学者便提出：此时的口鼻不是本心在支配，而"仅系心的知性一面，在帮闲"。不知此立论根据何在。笔者实在不能认同这是科学的认知。人的行止都是由脑的思维功能进行分析判断后做出决定，再由耳目口鼻（包括肢体）来执行，这种主、被动关系，在任何时候都没有商量的余地。再从不良环境的影响来讲，环境可以分为自然环境和社会环境。不良的自然环境只会驱使人们更加团结奋斗去改善环境、战胜困难以争取美好的生活空间，而不会引发人们去作恶，除非加入人为因素，性质才会起变化，而这也就移至社会层面了。所以，只有不良的社会环境才会引起人们的恶性发作。但这也不是无中生有，只有人的"情欲"本性存有恶的因素，才有可能生发。若人的本性根本不存在恶因，那么怎么可能引发出恶行来？这就足以证明，人的本性除有善的因素外，还有恶的因素。因为无论是善行还是恶为，都是有其根源的，否则，岂不成了无本之木，无源之水？

总之，社会环境只是影响人们社会善、恶行为，但其根源仍决定于人本性的善、恶因素。因为人们的思想总是决定和指引人们的行动，而不是行动来决定和指引思想！有一句歌词说得好，叫做"跟着感觉走"，而不是感觉跟着走，除非这个人大脑犯迷糊。再是，人的善、恶本性是由人的善、恶行为而显现，同时也形成了人善、恶的社会道德概念。现在需要着重说明的是人的欲望问题。人对自身生存所需的衣、食、住、行等生理上的欲望以及精神上的享受，都是出于人的本能。只要这些需求不侵害他人，都属于正常合理的范围，就不能说是恶。而且，随着物质和精神文明的发展，这种需求还会得到更好的满足。但是若这种欲望失去自我约束，往往就出现任性放纵的恶性索取而损害到他人，那他的这种欲望和行为就是人的恶性一面的显露。当然，孟子也认识到这一点，他强调，只有无穷的欲望和索取才会侵犯他人，这才是恶。但遗憾的是孟子并未能体认到这正是人先天所固有的欲望，在后天不受任何制约的情况下而发作的。若是人的先天只有善根，而无恶源，则在任何情况下也不会侵犯他人来满足自己无休止的索取。

在这里也必须指出：虽然孟子对人性善、恶的认识存有片面性，但在认定人的先天存有善性的因素，则应是他的人性本善的首创之论，南宋理学家程颐就有"孟子大功于世，以其言性善也"之说。孟子的认知确实给世人做出了重大贡献！

与人性善相反的观点，就是人性恶。其代表人物是战国时的荀子。荀子名况，字卿（约公元前313~约前238年），战国后期赵国（今山西安泽）人，是著名的思想家、政治家、哲学家，著有《荀子》。他在《荀子·性恶》中力主人性本恶。他说："人之性恶，其善者伪（人为）也。今人之性，生而有好利焉，顺是故争夺生而辞让亡焉；生而有疾恶（妒忌）焉，故残贼（残杀陷害）生而忠信亡焉；生而有耳目之欲，有好声色焉，顺是，故淫乱生而礼义文理亡焉。然则从（纵）人之性，顺人之情（情欲），必出于争夺，合于犯分（名分）乱理，而归于暴。故必将有师法之化、礼义之道，然后出于辞让，合于文理，而归于治。用此观之，然则人之性恶明矣，其善者伪也（即经后天教化所致）。"

(《荀子·性恶》)

由此可知，荀子是由人的欲望本能说明人的天性存有恶的因素。笔者进一步体认到，人生理和心理上就有贪图享受、好逸恶劳的惰性，总有少劳多得或不劳而获的严重倾向。这样就往往导致人对物质与精神生活强烈的占有欲，并进而损害到社会和他人，则人的恶性行为就充分显现。追其根由均是由人的欲望本能所引发！这就说明人的欲望是潜伏着恶性因素的，这是无须掩饰、回避的客观存在。只有充分认识到这一点，人在后天才能有所警觉，才会有针对性、更加有效地规范人的行为举止。因此，人在后天通过品德教育的自律或慑于外界舆论和法纪的制约，其贪婪占有而侵害他人的恶性行为才会得到有效的遏制而不发作。所以人的欲望要求，只要是在合理的范围内并不侵害到他人，就不能算是恶性，那是人的生存所需合理欲念。正如 17 世纪荷兰哲学家斯宾诺莎所说的那样：作为人的本质的欲望就是人要竭力"有利于保存自己"的企求[1]。因而荀子的性恶论是指向"顺是"，即落在纵性贪占侵犯他人上。这就由正当欲望趋向了过度欲求，无限索取之途，而由量变到质变。犹如人的健康肌体受到了内外有害毒素的侵袭而发生病变一样。所以，人的合理欲望和贪婪占有既有有机关联又有严格区分。但荀子在认定人性恶的同时，却否认孟子人性善的先天存在，而认为人具有善性完全是经由后天整治教化而成。他在《性恶篇》中针对孟子说："孟子曰：'人之性善'。曰：是不然。凡古今天下之所谓善者，正理平治也；所谓恶者。偏险悖乱也。是善恶之分也已。今诚以人之性固正理平治邪，则有恶（哪里）用圣王，恶用礼仪矣哉？虽有圣王礼仪，将曷加

---

[1] 斯宾诺莎：《伦理学》，商务印书馆 1983 年 3 月第 2 版。

于正理平治也哉；今不然，人之性恶。故古者圣人以人之性恶，以为偏险而不正，悖乱而不治，故为之立君上之势以临之，明礼义以化之，起法正以治之，重刑罚以禁之，使天下皆出于治，合于善也。是圣王之治而礼义之化也，今当试去君上之势，无礼义之化，去法正之治，无刑罚之禁，倚而观天下民人之相与也，若是，则夫强者害弱而夺之，众者暴寡而哗之，天下之悖乱而相亡不待顷矣。用此观之，然则人之性恶明矣，其善者伪（人为）也。"

荀子上面的这一段论述，若是用来进一步印证人的本性有恶的因素存在，后天需要采取的种种举措以遏制人的恶行发作，或使人改恶从善，应是顺理成章的。但用来反驳孟子人性善的理由，却用错了地方。因为，孟子论证人的先天性善，是确指：人人都具有恻隐（同情、怜悯）之心而说，也就是孔子所指的"仁爱"之心，这也是人性的客观存在，是人们无法否定的。而荀子却把后天的"正理平治"即合乎礼义法度、遵守社会秩序的公德指认为人性本善的内涵。这样不仅论述的本身是错误的，且与大前提也对不上号。因为礼义法度的制定，是规范人的后天社会生活的行为举止。这正是针对人有善、恶兼具的本性而为之采取的扬善抑恶的举措。所以，"正理平治"是替代不了人性本善的实质。这里特别需要指出的是，若人的本性全恶不善，那么礼义法度又由谁来制定？总不会是由恶性之人来制定吧！因为恶性之人是不会违反自己的意愿来制定法规，反过来管束自己，怎能有这样的怪事！所有这些问题在荀子那里都没有圆满的答案。显然，荀子所认定的人性只恶不善同样具有片面性，在现实社会生活中也是站不住脚的，以致使他"用此观之，然则性恶明矣，其善者伪也"，在他那篇《性恶》论的解说上是那样大费周折，而往往又自相矛盾不能自圆其说。虽然如此，但

荀子能准确地揭示出人的本性具有恶的一面，这在"认识你自己"上也是一大发现，对人类社会同样做出了重大贡献。

自此，针对人性善、恶，历史上形成两派对立的观点：一派认为人性本善，另一派认为人性本恶。以致争论不休，延续至今。

第二章

主张性善论者

历史上谈论和赞同孟子性本善的代表人物有董仲舒、韩愈、李翱、张载、程颢、程颐、朱熹、王阳明（守仁）等。

现将他们有关人性善的主要论说评述如下：

先是西汉大儒董仲舒。关于董仲舒的人性观，在他所著的《玉杯》篇中就有这样一段精辟的阐述："人受命于天，有善善恶恶之性，可养而不可改，可豫而不可去，若形体之可肥臞，而不可得革也。"① 从这段话中可以看出：首先是董仲舒认为人性是生而固有的，并且是善、恶兼具。这就摒除孟子和荀子善、恶各执一端的偏见。有的学者认为这仅是董仲舒的调和之说，这样的认识应是错误的。其实董仲舒在这点上的

---

① 苏舆：《春秋繁露义证·玉杯》，中华书局1992年版。

认知，确是真知灼见，人的本性善、恶兼具的真理是经得住社会实践检验的。其次是董仲舒认为人性的善、恶可以发扬和遏制，但却不能予以消亡，这犹如人的形体可以肥胖和消瘦一样，但绝不可能将其肌肉从体外予以增减。这也说明人性的可塑性和导向。也就是说，人在后天社会中可以被引向善也可以被引向恶，这在我们现实生活中就可得到充分的印证。

但董仲舒却把人原有的善、恶本性按照社会不同等级人群而区分。因而他又在《实性》篇中特提出人性三品之说。认定圣人性善"继天而进"无须教训；小人心胸狭隘自绝为善，难以教训；只有绝大多数中性之民还需"待渐于教训而后能为善"。这样董仲舒就把人性分成了上、中、下三品，即圣人天赋性善；中性之民无善无恶待教化后而能为善；小人绝善而为性恶。董仲舒的这种人性三品之说显然是极其错误的。这种说辞显然是把人性的天然属性和社会属性混为一谈，且与其前述也自相矛盾，不能自圆其说。因为人性善、恶应是与生俱来的，是天性，人人如此，是没有区别的，自然同一性，绝不是由人的后天等级、地位所决定的，善、恶行为在各个阶层人群中均会出现！然而，董仲舒为了推崇封建王教的合理性和重要性，进而将性与人的善、恶脱钩。他认为性与善并不是等同的，它们之间存有区别，即性为天赋，善由性出，他拿禾作比喻。他说："善如米，性如禾，禾虽出米，而禾未可为米也。性虽出善，而性未能为善也。米与善，人之继天而外也，非在天所为之内也。"

在董仲舒看来，性与善不是同一的，性是天赋予人的先天所固有，而善则由后天圣贤之人教化而形成。指出："性者天质之朴也，善也王教之化也。无其质，则王教不能化，无其王教，则质不能善。"

(《实性》)

董仲舒的上述言论，实质上又认同了人的本性是无善无恶的。由于董仲舒为了维护封建王朝正统和证明封建等级秩序的合理性，因而也就必然造成其人性善说逻辑上的矛盾和混乱。难以说清人的本性是善、是恶，抑或善、恶兼有，还是无善无恶，其善、恶是先天的还是后天的等。当然，从董仲舒这个学说思想体系来说，当属孔、孟儒家正统。所以，在人性论上，还是倾向于"性本善"的。他在《玉英》篇中就这样说道："凡人之性莫不善义，然而不能义者，利败之也。"这就表明董仲舒最终还是赞同孟子人性本善的主张。

唐代的韩愈继董仲舒之后明确提出"性三品"之说。他在其《原性》一文中指出："性也者，与生俱生也；情也者，接于物而生也……性之品有上中下三，上焉者，善焉而已矣；中焉者，可导而上下也，下焉者，恶焉而已矣。"[①] 他的观点与董仲舒基本相同，只不过韩愈认为"中性之民"在后天可导之向善，也可导之向恶。董仲舒、韩愈两人欲解脱孟子性善说和荀子的性恶说之间的对立与纠缠，但两人均未揭示出人性的善、恶因素是内存于人的本性之中，而是将人在后天接触的环境和教养所塑造形成的圣人（好人）、小人（坏人）和谈不上好或坏的普通人三种人品来替代人的先天性。这就撇开了本体论的思辨，而用人的后天社会行为所导致的结果来谈论人的本性问题，其立论是错乱的、站不住脚的。

稍晚于韩愈的唐代哲学家李翱对人性善的看法与董仲舒、韩愈两人又大不相同。他认为"性者，天之命也"，"人之性皆善"，"百姓之性

---

① 《唐宋八大家全集·韩愈集》卷十一，国际文化出版公司1997年版。

与圣人之性弗差"。这就是说,性是天赋的,都是性善,圣贤之人和平凡的百姓无任何差别。

虽然李翱的"人之性皆善"之说与孟子一样,存在片面性,但"百姓之性与圣人之性弗差"就说得很对。大有别于董仲舒、韩愈"性三品"的不实之说,确是明智的见解。李翱还进一步引出"性"与"情"两者的关系和区别。他说"性生情,情明性","无性则情无所生矣","情由性生,情不自情,因性而情;性本自性,由情以明"。这表明性是内敛的,是看不见摸不着的,必须由情来表现,即是由接物而生,也就是人们通常所说的"触景生情",是人在后天社会行为的具体表现。但他却指出,这个情(与外界接触所产生的情感)是"妄也,邪也"。是因人在后天受情的迷惑,因情害性而生恶。笔者不能认同这样的看法,因为人在后天社会所接触到的人和事表现有善的方面,当然也有邪恶的方面,但善的方面总是占主流,若一概认为统统都是虚妄和邪恶的,这就违背了人间自有真情在的社会客观事实。由于他从这种视角出发,认为人要成为贤良之人,关键是去情复性。平时要能做到"视所言行,循礼而动","妄嗜欲而归性命之道"的修养。以求恢复至善的本性,这样才能达到"广大清明,照于天地,感而逐通天下"的至诚圣贤境界。这与孟子的"求其放心"之说是相一致的。也就是将迷失的心找回,复归本性之善。这对于个人扬善抑恶来说,是很不完善的,因为人的善性的弘扬与恶性的遏制仅靠个人修养和自律是很难完全实现的。然而,李翱的人性理论对开创宋、明理学的影响却是很大的(以上所引均见《李文公集·复性书》)。

到了宋代,人性善、恶之说由此前的人的本性层面的研讨发展到追溯宇宙本体根源。北宋理学奠基人之一张载就最先提出人的本性是禀受了宇宙本原之气而具有，是天赋。他说："太虚无形，气之本体，其聚其散，变化之客形尔；至静无感，性之渊源，有识有知，物交之客感尔。客感客形与无感无形，惟尽性者一之。"① 张载认为，浩瀚的太空，是气的无形本然状态。气的聚散变化都是自然暂时的呈现。气之未聚时太空是至静无形无感，这是太空性的本源；待气聚集成为有形之物时，就会被客观地感知。但不论是有形有感或是无形无感都是太空唯一之性，变化前后其性始终如一并未产生改变。由此，张载进一步指出："天性在人，正犹水性之在冰，凝释虽异，为一物也。"（《正蒙·诚明篇》）

这就把天性和人性具体地挂上了钩。那么两者是如何产生内在联系的呢？他在《正蒙·乾称上篇》中是这样解释的："乾称父，坤称母；予兹藐焉，乃浑然中处。故天地之塞，吾其体，天地之帅，吾其性。民吾同胞，物吾与也。"张载认为，天地是生成万物的父母，是由充塞宇宙之气阴阳激荡凝聚而形成。人也是万物中的一种，本性与万物同一，人性也就自然蕴含了天地之性，且同是宇宙大家庭的成员，与人同胞，与物同源，同生共长，和谐兼爱。由此，张载明确指出，天性是至善的，继而阐述："浩然无害，则天地合德；照无偏系，则日月合明；天地同流，则四时合序。"（《正蒙·至当篇》）在张载看来，天地和谐无害，并行不悖而有序，日月之明，光照不偏。这自然是合德的至善体现。因人性禀赋于天性，当然人性也就是纯善无疑的了。用张载的话"性于人无不善"。（《正蒙·诚明篇》）

从上述言论来看，张载颇具有朴素的唯物主义自然观，他肯定宇宙

---

① 《张载集·正蒙·太和篇》，中华书局1978年版。

本体是物质的气，人与万物都是由太虚之气凝聚而成。也即张载所指："凡可状，皆有也；凡有，皆象也；凡象，皆气也。"（《正蒙·乾称篇》）。至于说天性是纯善的，很难使人信服。因为这是想当然的主观推测，是先验论之说，也是得不到证实的。特别是人与万物都是继存于天的善性则更不可理喻。因为人的善、恶本性为人所独有，其他生物之性根本谈不上有什么善、恶之说。因为只有人具有高度的智慧，大脑思维功能远超过其他动物，有可能通过后天认知事物的好坏和行为的善恶，而其他生物则无此功能。譬如说狗熊这种动物，你说它的本性是善还是恶的？它只能依据"物竞天择，适者生存"的原则生活。这样看来，还是孟子实事求是，他根据历史和现实的实际存在，发觉人性本善是对人的同情、怜悯之心而生发，是与生俱来，为人所独有，这应是不争的事实。当然张载对人的本性善、恶这种上下求索的精神，值得后人敬佩和学习。

此后，理学大家程颢、程颐，人称河南"二程"，他们在李翱和张载人性论的基础上对人性善、恶做进一步的探索，"二程"的基本理论是把思想意识上的"理"作为宇宙本体根源。程颢相当自信地说："吾学虽有所受，'天理'二字却是自家体贴出来。"[①] 并认为这个天理是至高无上的，凌驾于器之上应属于第一性。"二程"说："天下物皆可照（遵照）理，有物必有则，一物须有一理。"[②] 并指出"一物之理即万物之理""万物皆是一个理"。这就是说"天地万物形成和运行都是受一个'理'的规定和主导，是万物本体至高无上总的法则和根源。是事物生发的'所以然'"。为此，"二程"举例说："如火之所以热，水

---

① 《二程集》卷十二，中华书局2004年第2版，第424页。
② 《二程遗书》卷十八，上海古籍出版社2000年版，第242页。

之所以寒……"原因都是一个"理"在起作用。但这个超然自在的"理"究竟是什么？"二程"未加明确，人们也就不得而知，只能让人感觉到这与西方基督教义所称的"上帝"相当。这样"二程"与张载体认的物质的"气"是宇宙本体根源，产生了明显的反差。虽然"二程"也并不排斥气的存在，但他们认为形成天地万物的气是由理所主宰和安排的。也就是说，气的变化运行规律是由"理"所决定的，是"气"依存于"理"，天地万物统摄于理，"二程"并认为"性即理"或称"天性"。指出天性是纯善无恶的。程颐在《二程遗书》卷二十二（上）说"性即理也，所谓理，性是也。天下之理，原其所自，未有不善"。并在《程氏经说·卷八·中庸解》中指明："性与天道，一也。天道降而在人，故谓之性。性者生生之固有也。""二程"用天道善而降于人来证明孔孟人性善之说，这与李翱、张载所持的观点是相一致的。并赞扬孟子说："孟子言人性善是也。虽荀、杨亦不知性，孟子所以独出诸儒者，以能明性也。性无不善，而有不善者才也。性即是理，理则自尧舜至于涂人，一也。才禀气，气有清浊。禀其清者为贤，禀其浊者为愚。"（《二程遗书》卷十八）关于"才"，根据《二程遗书》的多处解说，这个"才"指的是人本身具备的才智或资质。但一个人的才智高下或资质好坏只能是由人体器官功能与人在后天生活实践的反复认知而获得，正如荀子所说："知之在人者谓之知。知有所合谓之智。"（《荀子·正名》）意思是：人身上的感受器官对事物认识的能力就叫做知觉。知觉和事物相接触所产生的能力（指综合、分析、判别——引者注）就叫智慧。固此，资质、才能即是人在后天社会对外界事物认知的结果所产生，而不是所秉的清、浊之气而形成。更让人难以想象，形成万物之本源的气怎么还有清、浊之分？所以，只能说具有资质的人后天所接触的事（物）是有清浊之分的，秉其清者为善，秉其浊者则为恶。其实，也就是人在后天所接触的环境和教养因素的不同而导致人的善、恶之别。也即是人们通常所说的"近朱者赤，近墨者黑"，是后天人性具有的可塑性之特性而形成的善、恶行为，而不是先天所谓的清、浊之气所赋予的。

南宋集理学之大成者朱熹，在周敦颐、张载，特别是在"二程"理学基础上，进一步对理学进行了完善。他说"天地之间，有理有气。理也者，形而上之道也，生物之本也。气也者，形而下之器也，生物之具也。是以人物之生，必秉此理，然后有性；心秉此气，然后有形。其性其形，虽不外一身，然其道气之间，分际甚明，不可乱也"（《朱文公文集·卷五八·答黄道夫》）。朱熹把统摄万物的理又称为"太极"，他说：总天地万物之理便是"太极"。而"太极"只是个极好至善的道理……是天地人物万善极好的表德……此理在天地间，即为阴阳，而生五行以化生万物；在人，则为动静，而生五常以应万事。曰"动则此理行，此动中之太极也，静则此理存，此静中之太极也"。①

看来，朱熹对人性善的解析比"二程"条理要清晰。他认为天地之间理和气是共同存在着的。他说："天下未有无理之气，也未有无气之理。"并指出"……气是依傍着理行，及此气之聚则理在焉"（《朱子语类》卷一）。这样就把"二程"至高无上的"理"回归到自然运行规律层面上来认识，使人易于理解。因为宇宙如何形成的？至今谁也说不清楚！朱熹还进一步指出，天地运行自然规律由理所驱使，是生成万物之本源，其性是极善的；气是由于天地自然运行规律所生发。人是依

---

① 《朱子语类》卷九十四，中华书局1986年版，第2371页。

据理而有性，依据外在自然环境的发展演化而成形。所以，人内在的性和外在的形是统一于一体而又有明显的区分。人性由天道（理）所赋，道（理）是至善的。形由气生，而气（资质）有清、浊之分，则人就有良、莠之别。这与"二程"人性善、恶理论基本是一脉相承的。

朱熹把"太极"看作天地万物至善的本源，却未能进一步予以说明，他的这种想象看来是站不住脚的。因为：一是这种天性善是超出人们的经验之外，具有神秘性，不可理喻。二是与现实也不符合。天道本无意志，其运行的自然法则根本就是无善无恶的，这一点在古时就被有识之士所认知。荀子在《荀子·天论》中就明确指出："天行有常，不为尧存，不为桀亡。"也就是说，老天自有它的运行规律，不会因某个人物贤明而存在，也不会因某个人物残暴而消亡。它是独立于人们的意识之外的客观存在。何况，就大自然本身对人类社会来说，也是利害兼备的。如雨水可以滋润万物，但是倾盆大雨下个不停也会泛滥成灾，而损毁万物。所以，若脱离对人的本身生理机能、内心情感的认同和探究，是不可能说清人的善、恶本性的。再是"二程"和朱熹用客观唯心之说来阐述天理善性赋予人心的道理缺乏依据，其立论又如何能成立。

明代理学大家王阳明（守仁）为了弥补程、朱理学逻辑上的缺陷而创立了"心学"。他说："心之体，性也，性即理也。"在另一处对此又加以阐明："夫心之体，性也；性之原（同源），天也。能尽其心，是尽其性矣。"其中的天也就是天理[①]。这就清楚地表明，阳明先生是将心、性、理作为三位一体来看待的，并统由心而发。这样就把程、朱

---

① 《传习录》卷中，"答顾东桥"，蓝天出版社2007年版。

形而上学的"理"与形而下的器（心脑——引者注）融为一体，将"天理"由心外移植到"心"内，即由人的"心脑"所主宰。这样就把玄虚的"天理"转变成内存的自我意识，从而解决了程、朱的天性（理）赋予人性在其哲理逻辑上的矛盾。阳明先生进一步指出，人心具有自然会"知"的功能。他说："知是心之本体，心自然会知。见父母自然会孝，见兄自然知弟（悌），见了孺子入井自然恻隐，此便是良知，不假外求。若良知之发，更无私意障碍，即所谓恻隐之心，而仁不可胜用矣。"[1] 从而得出："至善者，性也；性原无一毫之恶，故曰至善……至善即吾性，吾性即吾心，吾心乃至善所止之地，则不为向时之纷然外求而志定矣。"

阳明先生以上论说，确是赞同孟子人性本善之说。但是阳明先生的论说细究起来与孟子人性本善是内存于人的心（脑）中之论说，尚有所差异。孟子说的人性善是确指人具有天然同情和怜悯善心，为人的本性所固有，且由人的直觉而自然显露出来，是人的天性使然。这是源于人体生理机能情感因素而生发，与"天理"没有直接关联。而王阳明是把人心与天理同性，人的善性是根源于"天理"，但他又说："天理在人心，亘古至今，无有终始，天理即是良知。"[2] 这就与孟子本性之说相近了。这里还需要特别提出的是阳明先生强调在其论说中，他所说的"心"并不是实指人的身体某个器官，而是人的知觉。他解释说："心不是块血肉，凡知觉处便是心。如耳目之视听，手足之知痛痒，此知觉便是心也。"这里，王阳明明确指出他所说的"心"并不是一块血肉。此处却显示出阳明先生的高度智慧和认知。从现今"心理学"视

---

[1] 《传习录（上）》，蓝天出版社2007年版。
[2] 《传习录（下）》，蓝天出版社2007年版，第295页。

角解说"心"与"心脏"是两码事，不是同一含义。我们说"心不在焉"并不是说心已经挪位，而是说心思不在这里，即不专心、精神不集中的意思。但阳明先生将心解释为"知觉"并存在于人体的耳、目、手、足感觉中，这就落错了地方而站不住脚。因为根据现代心理学的解说，心与脑两者是同一的，即"心在脑，脑即心"，更贴切的说法应是大脑思维的功用。我们说"用心思考"就是这个意思。有趣的是，日本心理学教授和田秀树将人的大脑与心比拟为电脑的硬件和软件，这倒是很贴切的。① 所以说心不是包含在人的各部位肌体的知觉中，而是储存于人的大脑中。同时更需指出的是"知觉"根据现今的认知，是反映客观事物的整体形象和表面联系的心理过程，是在人的后天对事物感觉的基础上经过思维而形成。不是人的先天性所固有，而是人的后天所产生。而将心、性、理三位一体，并归结到知觉是人性至善之良知，其论说使人难以认同。而人的善性是与生俱来，为先天所固有，只能是某种介质情愫，内存于人的心脑中。

然而，王阳明到了晚年对人性善、恶的认知却有了很大的改观和提高，可以说是质的飞跃。他在谢世前曾向其门生钱德洪、王汝中交代说："无善无恶心之本体，有善有恶意之动，知善知恶是良知，为善去恶是格物。"② 此四句后被称为"王门四句教"。这应是阳明先生晚年对人性善、恶哲理思考作的最后概括和总结。现笔者对此"四句"作一分析和品评：

阳明先生首句说"无善无恶心之本体"。这样的认知也无不妥，与他的人性至善之说并不矛盾。因为此处仅指心（脑）器官本身而言，

---

① 和田秀树：《简单的心理学》，王华心译，中国人民大学出版社2011年版。
② 《传习录（下）》，蓝天出版社2007年版。

并未涉及人的情欲、善、恶的因素,这种潜在的心理因素,只有在外部因素的影响下,才会萌动生发出善念或恶念。这也就是第二句所说的"有善有恶意之动"的本意。第三句"知善知恶是良知"。按阳明先生自己的解说,一个人的良知要在趋善避恶上下足功夫。也就是要在社会实践中来认知什么是善,什么是恶,若要做到,就须对周边的事物进行认真的探究和辨别,以明事理,好去伪存真,去恶存善。这就是第四句所说"为善去恶是格物"的实际含义。

阳明先生此"四句教"确是他对人性善、恶的一次全面阐述和总结。其论说合理,认知符合实际,在500年后的今天依然有现实指导意义!

以上基本都是儒学大家赞同孟子人性本善的主张,而他们大多有一个共同的特点,那就是都在努力地探索和论证孔、孟的人性本善是从何处生发,又是如何赋予人的,于是便运用各种先验论的假说来进行阐释,但其论说却经不起现今人们的推敲。而孟子的"恻隐之心人皆有之",则应是人的自然属性,只能从人的自身本能的情感来探究和人的社会实践所发生的大量事实予以印证,而不能脱离人这个主体因素而兜着大圈子上下求索。

道家的老庄也完全认为人的天性是善的。老子就说"人法地,地法天,天法道,道法自然"(《老子》第二十五章)。并说:"上善若水。水普利万物而不争,处众人之所恶,故几于道。"(《老子》第八章)老子的立说可以这样理解:人生在天地之间是善用天时地利,有所为而有所不为,而能顺应自然运行法则与天地和谐而共生。大善之人犹如水性一样,善于滋润万物而不和万物相争,停留在为人所不喜欢低下之处,所以这就最接近自然之道,由此证明人善是源于人的自然属性也即是天性。而且是"并育而不相害""并行而不相悖"（《庄子·天道》）。这就说明天下之至善在于返璞归真，回归于自然。而人能顺应自然行事保其民生，求其发展，当然人都具有善良天性的好人。然而，老子和庄子却由此得出人在后天无任何人为治理的结论。他们认为只要让人顺着自己的天性自由自在地去施展就行了。也就是说，人在后天无须施加任何仁义之道德教化和法纪的约束，从而把人性只善不恶推向了极致。老子为此就曾对孔子推行仁义提出了质疑。《庄子·天道》上篇就记载着"老聃曰：'请问何谓仁义？'孔子曰：'中心物恺（心地中无偏私，与物和乐而不毁伤）兼爱无私，此仁义之情也。'老聃曰：'几乎后言！（意为后面所说的都是浮华虚伪的言辞）夫兼爱不亦迂乎！无私焉，乃私也。夫子若使天下失其牧乎？固天地固有常矣，日月固有明矣，星辰固有列矣，禽兽固有群矣，树木固有列矣。夫子亦放德而行，循道而趋，已至矣！又何偈乎？揭仁义，若击鼓而求亡子焉！夫子乱人之性也'"。老子认为孔子所倡导的仁义政治主张实在是迂阔之举。因为天地万物原本就有恒长之规则，都是本着自身生存条件而有序地运行着，根本用不着人为干预，因而孔子大谈的所谓仁义道德，应是虚华浮躁的无用之辞，没有必要像击鼓聚众寻找丢失的小孩那样急切。认为孔子的做法其实是在扰乱人的本性。老子甚至说："绝圣弃智（杜绝和抛弃圣贤的智慧），民利百倍，绝仁弃义民复孝慈。"（《老子》第十九章）这话就说得太不合体统了，认为人原先是什么样就让他什么样。无须进行什么管理和改变，任其性去干他们想干的事就行了。若要人为加上诸多限制和要求，则就犹如"凫胫虽短，续之则忧；鹤胫虽长，断之则悲。故性长非所断，性短非所续，无能去忧也"（《庄子·拼拇篇》）。这就是说，野鸭腿虽短，若要给它接上一段，就会给野鸭造成痛苦；鹤的腿虽然很长，但要是把它截短就会产生悲伤。所以原来是什么样就应是什么样，只要是顺着事物的本性就没有什么可忧虑的了。

　　看来，老子和庄子都是十足的理想的无政府主义者，而他们的主张却都是脱离实际的空想，在现实社会是根本不可能的。正如冯友兰先生所说："如果人人都顺他自己所想做的去做，所想想的去想，若彼此间发生了冲突，有什么办法呢？对于这个问题，道家没谈到。他们拒绝谈这个问题，因为按他们的说法，人人全是好人这是事实，所以不致发生冲突。可是现在的社会确有不少人与人的冲突，但这都是由于法律、规则、组织和政府太多了。换句话说，就是人为的太多了。倘使这些人为的全消灭了，然后人类再顺其天性去做，天下就得以太平了。我们没法不说道家对人性的理解太好了，好的不能成为事实，他们太理想了。"①笔者赞同冯友兰先生的批驳。社会上并不存在个个都是好人的事实，就算全部都是善良的好人，那也离不开民主和科学的组织与管理，也不能没有章法进行合理的限制和约束。因为这是社会群体和谐生活所必需的。若是每个社会成员都按照自己的个性各行其是，就无法维持社会整体运行秩序，人将无法生存和发展。就犹如足球比赛，球员都要遵循球赛规则和裁判的口令，若无规则，那只会毫无意义地乱打一气！特别是人们在从事生产劳动时尤其如此：如从事工业生产就必须遵守科学生产顺序和劳动组织管理；从事农业生产就必须把握天时、地利不失农时地耕作；从事其他工作起码也得遵守纪律、尽心尽力。总之，这都是对人性合理的约束，也是对人性善最大的释放。所以，为了维护社会活动正常有序地进行和谋取人们的幸福生活，对绝大多数善良好人来讲，合理

---

① 冯友兰：《冯友兰谈人生》，长江文艺出版社2009年版。

的人为干预也是必需的，而对少数的坏人和罪犯，就必须采用法规来严加惩处，这也是对社会群体的最大善举。试想，若按老子、庄子不干预的主张去做，社会无任何管束和治理，人们可为所欲为，那天下非乱套不可。这是由于人性除有善性外，还有恶性，就是怀有善良的人其社会行为也需要有所限制和约束。

看来，老子、庄子应算是无政府主义的鼻祖了。但综观近现代无政府主义者，没有哪个实现了他们所谓的理想社会，只能永远停留在无法实现的空想之中。其根本原因就在于他们忽视了人的本性不仅有善性的一面，还有恶性的一面，这是人的天性，是不可能被消亡的。

从而也联想到现今所倡导的民主与自由也应理解为相对的而不是绝对的，我们可以从个人和群体关系说起，人的生存是脱离不了群体的。个人也不能为所欲为，想干什么就干什么，想怎样干就怎样干。这在任何社会制度下，都是不被允许的。因为每个人为了生存下去就必须服从社会群体的分工协作的安排，其前提就是自觉遵守社会自然形成的生活秩序！所以人们也不能为民主而民主，为自由而自由，因为民主和自由是相对的而不是绝对的。民主和自由的最终目的仍然是开创个人和家庭幸福生活。所以民主和自由就必须遵循：一是要有利于国家的统一和民族的发展。二是要有助于不断提高民众和谐幸福生活水平。否则，民主和自由也将失去其自身的价值，并由此而产生负面影响。当然，民众应有的民主和自由，如生存权、发展权和在法律面前人人平等的权利等，必须得到政府的切实保障。这应是保持一个国家长治久安所必需的，也是一个国家取得长期发展和繁荣的一个重要前提！

当今社会，赞同"人之初，性本善"的人还是占绝大多数的，这从互联网和各种报刊上就可得到印证。现将具有代表作者论说分列如

下，笔者也将参与其间讨论。

2006年3月《北京科技报》刊登一文，现将其中有关验证人性本善的部分摘录如下：

"德国一家人类进化研究所致力于研究人类大脑发育的过程，以及寻找人类协作精神产生的源泉。科学家在实验室中研究一群婴儿面对各种环境时如何反应协作。他们意外发现，婴儿竟然个个都是助人为乐的'好儿童'。"

心理学研究员每天在一群刚刚会爬的婴儿面前做简单的动作，比如用夹子挂毛巾，把书垒成堆。经过一段时间，研究员会故意笨手笨脚地搞砸这些最简单的任务。如把夹子掉了，或把书碰倒了。此时实验室24个婴儿在数秒之内，同时表现出要帮忙的意思。根据研究录像，一个裹着尿布的婴儿看看研究员脸色，又看看掉在地上的夹子，马上明白是怎么回事。他手脚并用地爬过来抓起夹子，推到研究员脚边。急切地要把夹子递给研究员，婴儿都表现出同样的热诚，似乎非常愿意帮助笨手笨脚的研究员。婴儿表现出利他主义的心理，证明助人为乐是人的天性使然。

研究人员做此实验，只是想印证人的天然同情心在婴幼儿身上也可体现出来。当然这是成人对孩子的评判，并不是孩子对善行或恶为就有自主的认知。但这里还需要着重说明的是：婴幼儿时期孩子的大脑尚处于发育阶段，且行为能力也极其有限，社会实践也只能等孩子成长后才有可能，婴幼儿没有善与恶的自主意识。有人说孩子完全是一张白纸，即一片空白，这样说亦未尝不可，但这并不是说人的本性情、欲中不存在善、恶因素，因为它是人先天所具有，想抹杀也抹杀不了的，因为人的善恶行为，人只有在社会实践中获取知识后才能辨别什么是善行，什么是恶为，与此同时哲学研究者更发现，社会上所有的善、恶行为的发生原因，均在于人的本性中存在的情、欲因素。

最近笔者在微信上看到一项有趣的测验：美国民间做了一个抽样调查，测试人们的诚实度。调查机构在全美50个州首府的街头或公园入口处，摆上一货架瓶装冷饮，再在旁边设置一个投币箱，标上每瓶饮料一美元。调查人员藏在暗处观察并记录，看多少人能如实投币，又有多少人拿起就走，共测试了三天，结果82%的人都能诚实投币，却还有18%的人没投币，表现得不老实。可见心地善良的好人还是占绝大多数。但也不能因此就忽视心存不良的人，因为少数坏人的恶行，同样会造成对社会和他人的伤害，有时还是灾难性的。

在人类社会中，研究者处处可以找到人性本善的证据。人们为慈善机构捐款，尽力保护环境，在公交车上为老人让座。这些行为除了获得自我满足感外，通常不会有任何实质回报。可见助人为乐是人的天性使然。但同时也处处可以看到少数坏人恶劣的行为。

正如《北京科技报》编辑纪惊鸿先生对婴幼儿实验所写的编后语："现在有人将'人不为己，天诛地灭'的话挂在嘴上，为自己自私自利的行为找借口。殊不知，人之初，性本善，人人皆有恻隐之心，有好善好德之心，有助人为乐之心，这是人的本性，天良啊！违背本性而动，逆自然之道而行，只会活得越来越郁闷、道路越来越窄、离幸福越来越远。回归本性，道法自然也是我们自己最明智的选择。"

这与孟子所说，一个小孩就要落于井中，人乍见都会产生惊骇、怜悯的情感，原因不是别的，而完全是人的本性使然。真是古代与现代、婴幼儿与成人遥相呼应！

上文表明科学家确是验证了孟子人性本善的客观存在，笔者也是完全赞同的。但人的本性除有善性外，还有恶性存在，这也是回避不了的事实。就拿纪惊鸿先生的编后话来说，也的确是善良之意，善行之举。但与此同时，不也正好印证现今社会上也确实存在坏人坏事，而且还屡禁不止。所以纪惊鸿先生才有此呼吁，并规劝有恶行的人能从速改恶从善。要是人的本性全善，那么出生来到这个世界上的人，也应全是好人，怎么可能又再去作恶？但是社会现实并非如此。坏人坏事层出不穷而无法消亡。自有人类历史以来，恶人恶行真是不胜枚举，这就充分证明人的本性除有善性之外，还有恶性。这也是辩驳不了的事实。

作者爱默生（微博化名）评论人性本善的文章，经转帖多个网站让读者分享。文章写得挺好，对人性本善以及人性在后天为什么会趋向性，说理性较强。他以为：人性本善，原因在于人的理性。人类有一本能是繁衍后代，为了后代而不辞劳苦；为了整个人类利益，不怕牺牲自己的生命以捍卫；在别人有困难时，往往会怜悯，在别人对自己有恩时往往能尽心报答。以上种种，均无须国家强制，许多人也自愿去做；均无须多少教育，村夫村妇也能自觉去做；不分时代、地域，各个民族均有这个风尚。可见人性本善深深植根于人类天性之中。人性本善，原因在于人类的理性。健全的幸福，包括身体的健康、财产的丰厚、文化科学的修养，还包括人与人之间的友爱。为了获得健全的幸福，人类的理性必须指引人们去培养科学的生活方式，从事辛勤的劳动，热爱科学文化，同时也培养自己善良的品性，关注他人的幸福和社会的福祉。人性本善，才有真正的幸福可言。人性本善，还在于人类心灵世界的浩瀚。总有人刻意贬低人类的心灵，认为它不过是肉体的奴隶、欲望的侍女。对此笔者坚决反对。笔者坚信雨果的话：比大海更广阔的是天空，比天空更广阔的是人的心灵。人类的心灵总是不甘于现状，不甘满足于猥琐庸俗的东西，而要去追求更美好、更广大的东西。这些更美好、更广大的东西，包括人与人真心的爱，包括对整个宇宙奥秘的探究，包括对人类事业兴旺发达的憧憬，包括希望自己死亡之后仍然能够得到世人的怀念和尊重。这是一种比生命本能赋予人的力量更为强大的东西，它使人类生活变得生机勃勃，也使人类事业能够像长江后浪推前浪似的不断前进。笔者不否认，现实生活中仍然有许多恶人，但是，与其说他们缺乏善的人性，倒不如说他们善的人性没有得到正确引导。制度的缺陷使坏人胜出而好人反遭淘汰，生产力落后使人人自保无暇关心别人，从小缺少人与人的关爱，使一些人变得愤世嫉俗，教育的歧途使人们只懂得仇恨，不知道善待其他民族、阶层、宗教和民众。这一切，都培养着人们许多恶的秉性，而使人性中善的一面遭到遮蔽。对待恶人，惩罚固不可少，但是，我们也应看到许多恶人心中也蕴藏着一颗善良的心。正因为有着这样一颗心灵，使他们从罪恶走向新生具有可能……笔者支持孟子，热爱孟子，在笔者看来，孟子的性善论，不但是中国人民的宝贵财富，而且是全人类的宝贵财富……朋友，当你的眼睛被灰尘挡住视线时，你会得出人性本恶的错误结论。但当你擦去灰尘用清澈的眼睛看人性时，你会看到人性本善。恶，不过只是善的一时迷路！

作者在肯定人性善和后天人心向善方面，具有较强的说服力。笔者对这方面是赞同的，但将人的性本善归结到人的理性上，这是笔者所不能认同的。

正如文中所提"人性本善，原因在于人类的理性"。笔者认为人性本善应是人与生俱来的，是独立于人的意识之外的客观存在，是不学而能，不教而会的。而人的理性是后天的。正如17世纪英国哲学家霍布斯所说："理性不像感觉和记忆那样是与生俱来的。"而18世纪英国哲学家休谟则更加明确地说："理性它就不是道德善恶的源泉，因此道德善恶的区别也不是理性的产物。"（《人性论》）所以，理性不是人性本善的原因。至于文中谈到人的恶性方面，那就确有商榷的必要了。诚然，社会上出现的坏人、坏事与制度的缺陷、生产力落后及其他诸多不利的因素有关，这些都有可能诱发人的恶行，但其中有的并不是人的恶性行为而是出于人的本能需要，而所有这些都不是根本的原因。所以出现恶人恶行的根源还是人的情欲本性中潜伏恶的因素，即是人确存有占有欲而引发的贪婪索取而侵犯他人利益的恶行。若是认定人的本性就是善而没有恶，那么后天种种恶人、恶行又如何能产生？总不能凭空而出，无中生有吧?！世界上的事都是因果相连的，不能只有果而没有因，一粒好的种子，也不会长出坏苗。作者指出"许多恶人心中，也蕴藏着一颗善良心"。这只能说明不论是好人还是坏人，人人都有善性，这当然是对的。但若否认还有恶性存在，那么这颗善良的心又怎么会驱使人去干坏事，作者为此提出"恶，不过是善的一时迷路"，笔者不敢苟同这种观点。因为，从古至今，出现的恶人确是绵延不绝，层出不穷的。"一时"怎能解释得了！其实，在现实生活中，出现的人的善行或恶为，要么人的恶性得到有效的遏制，而使善性得以发扬光大，要么人的善性受到蒙蔽或钳制，而使恶性大加发作，并且人的善性和恶性在外部某种因素的引导下和自身的判断还可相互转化。

总之，历代无论怎样支持和拥护孟子的性善说，他们也都无法排除人还有恶性的一面。这是基于人具有贪占的私欲，进而侵害或剥夺他人的利益。正如俗语所说"欲壑难填"。就是人的欲望难以满足。这也是人性恶的根源。同样是无可辩驳的事实。于是，支持和拥护荀子性恶论的也就大有人在了。

第 三 章

主张性恶论者

支持和拥护荀子性恶论者最具代表性的人物要首推韩非了。韩非是荀子的弟子，他对老师人性恶的立论做了最好的补充和发挥，从而完善了荀子性恶论的主张。他认为人自私为己的本性是不可能被排除的，这是由人们的自然需求而引发。他说："人无羽毛，不衣则不犯（胜）寒；上不属天而下不着地（意即人非天上的星辰，地上的草木）。以肠胃为根本，不食则不能活；是以不免于欲利之心。欲利之心不除，其身之忧也。故圣人衣足以犯寒，食足以充虚，则不忧矣。众人则不然，大为诸侯，小余千金之资，其欲得之忧不除也（欲望还是得不到满足，其忧愁仍不能排除）；胥靡（刑徒）有免，死罪时活（犯死罪的人有时还能得到赦免而存活），今不知足者之忧终身不解。故曰：'祸莫大于不知足（老子语）'。"① 在此，韩非向我们说明了以下三点：

（1）人的自私为己是人的生存所必需，是人的本性。只要这种索取不侵害他人，其本身就不是恶性的显现。

（2）有道德修养的圣人（君子）能做到自我克制，知足能适可而止。

（3）其余的人，上自诸侯下至底层，其贪婪占有欲（以下简称"贪占"）是永不满足的。

韩非在这里确是向我们揭示了人的恶性实质即人的贪占。若自己不能自律，同时又缺失外力制约，其贪占的欲望往往就会导致侵夺他人利益的后果，这就是人的恶性的呈现。所以可以断言，人世间一切恶行均由此引发，应是罪恶发生的总根源。正如老子所说"祸莫大于不知足。咎莫大于欲得"。这确是千古真言！

与韩非同时期的扬子（扬朱）却将"为我"扩展到极端。关于扬朱的言论，没有专辑成书，只能散见于先秦诸典籍中。他的形象首见于《孟子·尽心上》。孟子曰"扬子为我。拔一毛而利天下，不为也"。这是孟子对扬朱所下的评语。而扬朱为我的自私的观点在《列子·扬朱篇》中却有充分的表达。现只摘出其中几处要点，就可窥其全貌："扬朱游于鲁，舍于孟氏。孟氏问曰'人而已矣，奚以名为？'曰：'以名者为富。''既富矣，奚不已焉？'曰：'为贵'。'既贵矣，奚不已焉？'曰：'为死'。'既死矣，奚为焉？'曰：'为子孙。'……'则人之生也奚为哉？美乐哉？为美厚尔，为声色尔，而美复得不可常餍足，声色不可常玩闻。乃复为刑赏之所禁劝，名法之所进退，遑遑尔竞一时之虚

---

① 《韩非子》全译，贵州人民出版社1990年版。

誉，规死后之余荣；偶偶尔顺耳目之观听，惜身意之是非；徒失当年之至乐，不能自肆于一时。重囚累梏，何以异哉？……然而万物齐生齐死，齐贤齐愚，齐贵齐贱。十年亦死，百年亦死，仁圣亦死，凶愚亦死。生则尧、舜，死则腐骨；生则桀、纣，死则腐骨；腐骨一矣，熟知其异？且趣当生，奚逞死后？'……禽子（即禽滑釐）问扬朱曰：'去子体一毛以济一世，汝为之乎？'扬子曰：'世固非一毛所济。'禽子曰：'假济，为之乎？'扬子弗应。"

扬朱认为，人要发财致富，但这还不够，还要谋取显贵地位，但不能到此为止，还要谋及荫及子孙；人生尽可享受锦衣、歌舞、美色，而且要能随意任性地去享乐，不能加以限制，否则的话，这与戴上刑具关进牢房的囚犯又有什么不同；在世的仁人圣贤也好，恶棍傻瓜也好，反正终归都会死去。活着像尧舜一样贤明，死了就是一堆腐骨；活着像桀纣一样残暴，死了也是腐骨一堆，腐骨都是一样的，有谁能判断他们之间的差异？所以，人生在世还是及时行乐为好，不应顾及死后的名声。

对扬子这种极端为我主张的言论，有的学者认为，这还算不上人性恶的范畴，因为他还没有主张为我而侵犯他人之意，若以人的本性含义来说，这话说得也并没有什么不对。但笔者认为这是一种肤浅的认识，因为这种只顾自己不管他人的极端个人主义者，已超出公正合理的范畴，无疑是人的恶性发作的催化剂，归属于性恶论者范围应不为过。其实人是不能单独生存的，而是生活在社会中，是社会人群中的一分子，若一个人抱有这样一种极端自私的思想和行为，不可能不影响别人。这种极端为自己的主张，也无疑对人类社会发展起阻碍作用。其人品是低下的，也为世人所唾弃。正如美国早期社会学家查尔斯·霍顿·库利所说："对自私的正确判断普遍是依照公平、合理和礼貌的规范而作出的。规范是有思想的人从他们的经验中总结出来的,反映了普遍的对善的要求。自私的人是一个沉浸在自我中的人,或是一个以自己的方式维护自我的人,是一个达不到规范的人。他是一个公平游戏和游戏规则的违反者,一个无人同情被罚下场的人。所有的人,为了普遍的善会团结起来反对他。"[1] 查尔斯·霍顿·库利先生的分析应是中肯而透彻的。现在总有些人用一副理所当然的态度假借自私自利是人的本性,没有什么好顾忌的。笔者认为,过多地强调自我自私的一面,对社会来说总是有害无益的。因而,就不应硬将极端自私的人,即极端个人主义者,纳入无善无恶之类,这样也未免太书呆子气了。

这里笔者还想再多说一些。因为现时有的学者认为,"自私不是什么天性,而是私有制这种社会关系的反映,也可以说是私有者特有的心态和行为方式"。笔者实在不敢苟同这样的认识,这是将人的先天性和后天性混为一谈,将人的后天所呈现的社会心态和行为方式,来替代人的先天所具有的为己的自私天性。这就将人的先天性和后天性完全割裂,这是不可能的。笔者还认为,自私的确切含义应是"为了自己,有利于自己"。而《现代汉语词典》注释为"只顾自己的利益,不顾别人"。作为贬义词处理,似是不妥的,因为这种贬义的解说只能指个人主义者是较合适的,而不是人性的自私。由于 1949 年后长期以来受到公有制的影响,要求人们时时处处要谈"公",为人处事要以"公"字当头。当然,这也没有错,表明社会进步,要求发挥人们对社会的奉献。但不能因此就不能谈及自己的私利。若要谈论,就是"自私",就是罪过,就非得绑上只顾自己的利益而不顾别人的利益且上升到与自私

---

[1] 包凡一等译:《人类本性与社会秩序》,华夏出版社 1999 年版。

自利极端个人主义画上等号！要知道，人的自私为己和趋利避害，都是人为了维护自身生存所必需的，这是不教而知，不学而能，是人的生理机能的自然反应，是人与生俱来的天性。所以讲自私无可讳言，没什么可大惊小怪的，现时个人合法的私有财产还要受到国家法律的保护，就是这个道理。但人降生后要融入后天社会生活，这就必须适应社会生产关系的需要，并须有遵守社会法律、法规的义务，再加上以自身所受的品德教育，所有这些因素都将使人先天自私为己的本性受到合理的约束而起变化！促使社会上大多数人在为己的前提下，也在勤奋做有利于他人、社会和国家的事。有的贡献还远远大于自己的所需。特别是造福于人民的科学创造发明更是如此。然而，私欲过度、恶性索取，由此损害社会和他人的行为，也就必须受到惩处，但却无法被消除。正由于此，中纪委王岐山才说出："反腐和作风建设永远在路上。"现再回到上文继续探讨。

为什么说人对欲望的过度追求必然会损害他人利益呢？从广义上来说，因为人人都有对物质生活的需求，但是生产出来的物品总是有限度的，若个人过度占有，则必定削减或阻止他人的需求，并由此产生矛盾和冲突。正如荀子所说："人生而有欲，欲而不得，则不能无求，求而无度量分界，则不能不争；争则乱，乱则穷。"（《荀子·礼论篇》）现代哲学家冯友兰先生也曾说："故吾人满足一欲，必适可而止，止于相当程度；过此程度，则与他欲或他人之欲相冲突，而有害于和。"19～20世纪英国哲学家罗素也曾指出，要想"最大限度地减少冲突的机会来改变人们的性格和欲望，手段是使一个人欲望的满足尽可能与另一个欲望的满足相一致"。

现在就有一个很好的事例说明部分人的过度占有而带来的社会冲

突。2011年10月，席卷美国20多个城市的大规模群众示威游行抗议社会贫富悬殊，并向全球十几个国家蔓延。美国《星岛日报》10月15日在头版头条登出的大标题是"向贪婪怒号全球大串联"。这就是向贪婪和社会不公的公开宣战！由此可见，在人人欲得的份额中，个人或集团的过多占有，会导致其他人少得甚至不得，纷争便会随之而起。而此种过度占有又往往通过权势、欺诈甚至抢夺等方式来实现，则侵占者无疑是恶性的显现！

17世纪英国哲学和政治思想家霍布斯也认同人的本性是恶的。他认为全人类共有的普遍倾向都是"得其一思其二，死而后已"。而财富、荣誉、统治权或其他权势的竞争，也使人倾向于争斗、敌对和战争。因为竞争的一方达成其欲望的方式就是杀害、征服、排挤、驱逐另一方。同时，追求安逸与肉欲之乐的欲望。于是，他的结论就是，自私贪婪、残暴无情就是人性恶的根源[①]。霍布斯的人性恶的观点确实有其对的一面，但也有极其片面的一面。正确的一面是，人性恶的根源在于人具有贪婪的占有欲，这与荀子的思想基本上是一致的。他的错误在于：

（1）他的观察和思考具有极其片面性。把部分当成了全体。诚然，社会存在很多的坏事和恶行，但同时也同样存在大量的善事和德行，这也是不争的社会现实。应该说，恶事恶行的坏人在后天社会总归还是少数，而绝大多数人应是属于好人范畴。这也许与霍布斯先生生活的时代有关。当时，17世纪英国正处于资产阶级兴起，原始资本积累时期，他亲眼目睹了资本家之间的相互倾轧、攻击和对产业工人的剥削压制，

[①] 《利维坦》，商务印书馆2010年版，第72-73页。

充满着损人利己、贪婪占有的种种丑恶行径，所有这些资产阶级人性恶的特有表现，都误认为是人的全部本性，因而促成他人性恶的观点形成。

（2）人为了生存、自保，自私、自利，其善、恶行为也是有着明确的界限，是泾渭分明的。因为人的欲望是人为了生存而对外界的一种本能渴求，是人行为产生的根本因素。但在生活上的欲望却有理性和非理性之别。正当的欲望只限于本人或其家人合理所需而不伤害社会和他人；反之，则是损害社会和他人利益非理性的贪婪占有，所以不可不分青红皂白笼统而说。就文中的"财富"而言，其本身并非罪过。金钱财富还应是民众生活和社会生产所必需。只要是劳动所得、合法经营，那就是人们的正当行为，只有以损害别人为前提的贪占才是恶性的表现。而"荣誉"则是对一个人品德高尚的嘉奖。保持荣誉就是保持自己的成就和上进心，这与恶是沾不上边的。至于"统治权和其他权势的竞争"，这一问题就较为复杂。为了维护统治权，特别是个人的权势之争而进行残忍的争夺、杀戮、阴谋欺诈，都是人性极恶的显现。但为了捍卫国家的独立、促进社会生产发展和提高人民幸福生活而大力加强和巩固其统治权，那就不称其为恶，而应是至善的举措。文中所说的"追求安逸与肉欲之乐的欲望"，只要这种欲望追求在合理合法的范围内，不侵害他人，都应属于人们正常的生活需求，并不是恶的代名词。这里恶与不恶就有一个明显的界限，这就是看他的行为是否用损人的方式来利己，若是，那就是恶；若不是，那就不是恶。

总之，具体问题还得具体分析，不可一概而论。所以，霍布斯先生的性恶论有其片面性，并由此生发出他的全部政治理念，霍布斯认为，"作为一个自然的生物，人的自然本性首先在于求自保生存，从而是自私自利，恐惧、残暴无情，人对人互相防范、敌对、争战不已，像狼狈一样，处于可怕的自然状态中"。(《利维坦》)他的政治主张就是人们应共同订立"社会契约"。将个人全部托付一个主权者所组建的国家政权来管束，而不管这个君主执政者是民主或残暴都得无条件服从，还得承认君主拥有指定其死后继存者的权力（《利维坦》)。以避免由于人性恶所带来的种种祸害，从而保障自然赋予人的应享受的自由、平等权利，这确是一种有害的模糊的政治观点。

笔者认为，政府的组成，与其说是为了约束人们的恶行，毋宁说是由人性善的愿望而产生。因为，人为了生存和发展就需要一个拥有强大权力的政府来主持和协调人们的生产、交换、分配能正常有序地进行，同时为了应对来自自然和外部势力的侵害，也要求组织起来群策群力才好应付，总之，是为了生存和共同发展的需要。当然，对人的恶行的惩治也是政府职能的一部分，但不是最主要部分，更不是全部。因而政府的产生绝不是人的恶行所致，而主要是来自人们对经济和文化生活的需求。所以用人的恶行而产生政府的"缘由"来证明人性本恶的理念是站不住脚的，特别是根据"社会契约"无条件地将个人全部托付给当权者管束，从而人人就会获得公正、自由、平等的权利，这是一种不切合实际的幻想！

顺带说一句，上述所言只是针对霍布斯先生而说，并非在此专门探讨国家起源。

再有，在宗教方面，如基督教也有"原罪"一说，基督教认为，人天生有罪，这是由于人类始祖亚当和夏娃在诱惑下偷吃了伊甸园中的禁果而获罪。因此，人的罪恶就代代相传，生生不息，故称为"原罪"。原罪在希伯来文和希腊文中解释为：逾越、违背、违犯，不守神的律法等悖逆状态的意思,这与我国汉语"作恶或犯法行为"含义相当。

《圣经·旧约》中指出,普世之人都是罪人,每个人在未出生前,在母腹孕育时便已有罪。这便说明是始祖亚当恶的遗传基因[①]。

荀子说人性本恶是天性,而基督教说这种天性是因违反了上帝的教诲而形成,实际上与我国民间俗语所说的"获罪于天"都是一个意思。

虽然"原罪论"披上了宗教色彩的外衣,但对促使社会大众扬善抑恶来讲,确有助益。近年还有不少作者借用互联网发表文章,认同荀子的人性本恶的观点。现将有代表性的评论文章摘要如下,笔者也参与其间来共同商讨。

所有网友人性本恶的论据都来自荀子的《性恶篇》。对于其中论证人性本恶的由来,无疑也是正确的。但在认定人性本恶的同时,也都否定人性善不是人的先天所具有,与荀子一样,存在偏见。

网友隋州提出性是天赋的,与生俱来的原始质朴的自然属性,是不待后天学习而成的自然本能。与"性"相对的是"伪"……善不是"性"而是"伪"。

笔者对"性"是天赋、与生俱来的自然属性的观点,完全赞同,没有异议。分歧在于"性"与"伪"的相对性,网友隋州认为,善不是"性"而是"伪"。但在商讨之前,还须认定,隋州所提的"性"主要还在于是专指人的"恶"来说,若泛指的"性"包含的范围就太广了。笔者若理解不错的话,现就可分析一下,什么是"伪"。根据荀子的解释"伪者,文理隆盛也"。实际上就是要求人们在日常生活中,

---

① 卓新平:《中国基督教基础知识》,宗教文化出版社2005年版。

应按圣人制定的礼仪法度行事，同时也用来对人进行教化和治理，使人改恶从善。即荀子所说："君上之势以临之，明礼仪以化之，起法正以治之，重行罚以禁之，使天下皆出治，合乎善也。"即"化性起伪"。很显然荀子的"伪"完全是手段，目的是把本性恶的人转化为善。所以"伪"只应是使人改恶从善而生发，这样恶性只能和善性相对，而与"伪"是不对称的。更不能用"伪"来代替善性。孟子人性本善同样指的是人的先天所固有。荀子否认人性本善，硬将其说成是后天圣人起"伪"而生，即"其善者伪也"，这却是强词夺理。人性只会被转化（善变恶或恶变善），而不能被创造，同样也不会被消亡。正如荀子自己所说："性也者，吾所不能为也，然而可化也。"（《荀子·儒效篇》）其实"伪"的作用不单是用来转化人的恶性，更是用来发扬人的善性，实际上是扬善抑恶。这才是正确的解释，也才符合社会的客观实际。

《荀子·性恶篇》中所阐述的今人之性恶，必将待师法然后正，得礼仪然后治。"古者圣人以性恶，以为偏险而不正，悖乱而不治，是以为之起礼仪，制法度，以矫饰人之情性而正之，以优化人之情性而导之也。始皆出于治，合于道者也。"荀子所说，若用于扬善抑恶，则完全正确。时至今日，对人的治理也是运用德治和法治双管齐下的办法。但荀子是以"人性恶"为前提而提出的治理模式。这就不免使人产生一连串的疑问：既然人性都是恶的，那么，第一个圣贤之人是从何而来，又是如何产生的？性恶之人凭什么转化成了圣人？犹如一粒坏的种子，如何能生出好苗？礼义、法度只能出自圣贤之手，若没有圣贤之人，又怎能制定礼义、法度？若是由恶人来制定，那么问题又出来了，性恶之人怎么会违背自己的意愿制定礼义、法度来自己管束自己？所有这些疑问在荀子那里均找不出相应的答案。这就是荀子否认人的善性也是先天所有而产生的死结，也是荀子人性本恶论的致命弱点。

荀子在《性恶篇》中也有解答，即"问者曰：'人之性恶，则礼仪恶生？'应之曰：'凡礼义者，是生于圣人之伪，非故生于人之性也。'故陶人挺垣而为器，然则器生于陶人之伪，非故生于人之性也。故工人斫木而成器，然则器生于工人之伪，非故生于人之性也。圣人积思虑，习伪故，以生礼仪而起法度。然则礼仪法度者，是生于圣人之伪，非故生于人之性也"。让我们来分析一下，首先，引文中没有回答圣人是如何造就的。其次，器具当然由工人之手来制成的，而不是由性，也不决定于性而生成。但礼义、法度则必须由性善的圣贤之人制定，不是性恶之人所能做出，这就既决定于人，又决定于性。若是没有圣人出现的情况下，又怎么能制定出礼义、法度？在没有礼义、法度成文的情况下，这位"圣人"又是如何去积思虑、习伪？这里所产生的矛盾仍无法解决。

现时，著名哲学家黎鸣先生是人性本恶论的坚定支持和继承者，其论说也颇有见地。特别指出西方人由于受犹太教和基督教的影响，坚信人与生俱来携有"原罪"与"原恶"因而促使国家法律、法规的制定以遏制人的恶性和惩治人的恶行。由于西方人强调"人人在上帝面前平等，人人在法律面前平等"，又促使了西方民主思想的产生，从而促进了西方民主和法制的进步。其见解确有可取之处，但在人的恶性存在原因的阐述上却大有研讨的必要。他在其大作《问人性》一书中说"人与生俱来即有作恶的潜在心理因素或动机。与人同生共死，是永恒存在人的秉性中"，进而说："如果把作恶简化为利己行为而把善简化为利他行为，我们显然会看到利己往往先于利他，而更多的是利己，更少的是利他……或许人们还会辩论说，利己不必是恶。的确，在不存在竞争的情况下，利己不必是恶。但在有竞争的情况下，利己对他人来说往往构成恶。"并肯定"大多数人的利己行为是失度的。正是基于这种认识，更大可能性与大多数场合，人类有作恶的潜在动机或心理根源"。由此，黎鸣把人的"原恶"归结为三种，即"任性、懒惰、嫉妒"，是人作恶的潜在心理因素①。

对人性具有恶的因素，笔者无任何异议，完全赞同。但在人性恶的因素分析上，笔者认为并不准确。

（1）认定利己在有竞争的情况下，对他人来说往往构成恶。这种认识是不确切的。首先是没有竞争就没有社会的发展和进步，这拿体育竞技作比喻也可清楚地说明这一问题。通常在社会正当的竞争情况下是不会成为恶的，只有在竞争中采用了坑、蒙、拐、骗、诈、欺、抢等非法、不正当的手段来侵害对方和危及社会群体时，这才是恶，有时还罪大恶极。因而，恶与不恶是有社会约定公认的准则即现时所称的"游戏规则"，更有法律、法纪、规则为依据，这也是以人所具有的知识来做界定的。所以，在现今社会竞争中人的恶行从总的方面来看仍应属于少数，而大多数往往是在公平竞争下进行，否则市场化经济怎么可能建立和运行。

（2）认定大多数人的利己是失度的，因而构成恶。这种认知就更不准确。因为大多数人为了生活而辛勤工作，既是为己也在为人，为己占有只要合法就不是恶。只有少数为己过度占有而损害他人才构成恶，诸如贪污、受贿、诈骗、抢劫等非法占有者才是恶且是大恶，等待他们的也将是法律的严惩。

---

① 黎鸣：《问人性：东西文化500年的比较》（上册），上海三联书店2011年版。

可以说，社会上绝大多数人是凭劳动吃饭，是按劳取酬，根本谈不上什么"失度"。

还有把人性"原恶"归结为"任性、懒惰、嫉妒"并声称还是作者自己的发现①，这也是笔者不敢苟同的。因为这三者并不是人性恶的本质，因而也就不能成为人的恶性根源。为了澄清这一问题，可以先从这三个词的含义入手。根据《辞海》和《现代汉语词典》的解说，首先是"任性"，其意思是"放任自己的性子，不加约束"。从词意来看，你就不能断定这就是人的恶性在滋生。如这孩子有点任性，早上起床，要他刷牙就是不听，经常不刷牙就吃早点。这种任性行为你只能说他不讲卫生，并不妨碍他人，与人的恶性是挂不上钩的。根据心理学家的分析，孩子的任性不是天生的，主要由于家长的溺爱，对孩子不加应有的管束和教育而放任自流的结果。正如《红楼梦》中贾宝玉任性，宝玉在祖母和黛玉等众人面前把挂在胸前被称为"命根子"的通灵宝玉摔在地上一样，这与其祖母史太君自小娇惯有关，但宝玉在其父贾政面前就不敢任性放肆；再说晴雯任性撕扇，这是由于宝玉平时对晴雯宠爱所致。所以"任性"不是人的先天所具有，也就谈不上是人性"原恶"的成分。诚然，一个人严重的任性也可能伤害他人而造成犯罪的后果，但终究不是人性恶滋生的根源。其次是"懒惰"。懒惰的含义是"不勤快，不爱劳动和工作"。当然，懒惰应属于人的一种惰性，但其本身还不是恶性的本源。如这个人太懒，早上起床后连自己的被子也懒得整理。这应是他自己的事，并不连累他人受害。

古希腊哲人苏格拉底对"懒惰"就做了深层次的解说。在考虑到

---

① 黎鸣：《问人性：东西文化500年的比较》（上册），上海三联书店2011年版。

懒惰这一问题的时候，苏格拉底说他发现几乎所有人都在做着某种事情，因为连掷骰子的和小丑也在做着某种事情。可是，并没有人能说不做较好的事去做较坏的事是懒惰，如果有人竟这样做的话，苏格拉底认为不能说这是懒惰，只能说是做了一件很不好的事情①。

由此可见，懒惰通常是说一个人不勤奋，不愿努力，并不是做坏事的坏人。若硬要将懒惰与"原恶"挂钩，其理论是站不住脚的。当然，严重的懒惰也可能成为一个人行恶的催化剂。

最后是"嫉妒"。嫉妒却是人类无法摆脱的劣根性。而又最易引发人的恶性发作。嫉妒的含义是对"才能、名誉、地位或待遇等比自己强的人心怀怨恨和妒忌"。很显然，这是在看到别人优于自己后而产生不服的一种难以容忍的心理状态，若是自己比别人优越，嫉妒便不会发生，反而又会产生优越感，并不时有向别人显摆的冲动。所以，嫉妒只是会引起人的恶性发作，而不是人性恶的本源。当然，心怀怨恨和嫉妒的人往往产生对别人不利的影响。轻者在背后说人坏话诋毁别人，重者就会造谣中伤或耍阴谋、使绊子来伤害别人，甚至因嫉妒而杀人。尽管有这些情况发生，但嫉妒并不是所有恶行的根源，它只是人在某种情况下发生恶行的引线而不是恶性的基本因素。

总之"任性、懒惰、嫉妒"三者不是人性原恶。对人性"原恶"来讲，只能有一个通用性的因素而不是多个。这三者最多是分别引起人的恶性发作的"助推剂"。真正人的恶性本源只能是对物质生活的贪婪和占有欲。这是人性中的原恶，是所有人恶性发作的总根源，而人生中的妄想、忌妒、肆虐和侵夺是以此为根源，所伸出的四根触角。

---

① 色诺芬：《回忆苏格拉底》，商务印书馆 2010 年版。

黎鸣在肯定人性"原恶"的同时却坚决否定人的先天还有善性的存在，只承认"善是人类后天的文化产物"。这与荀子所说"人之性恶明矣，其善者伪也"类似。于是在《问人性》中，不断对孔孟儒学"人性本善"之说大加挞伐，且颇带情绪化。说什么"儒家学说是个巨大的假话之源……人们宁可让一层虚假的、冠冕堂皇或温情脉脉外表装饰着，而害怕赤裸裸的狰狞的恶。中国人之所以那么深信不疑人性本善，与这种传统文化性格有关系。中国人长期以来所习惯的这种自欺欺人的方式，无异于默默地承认人们暗中捣鬼和欺骗是正当的"[1]，并进一步指责"儒家传统基本上使中国人在精神上成了活死人。或者说中国人在精神上已早早被阉割了，也失去了创造新的精神生命的能力了"。这就由对儒家"人性本善"的挞伐上升到对整个儒家传统文化的诅咒！事实果真像黎鸣所说的那样吗？我们先就春秋战国历史来说，这一时期是中国人的一次思想大解放！在学说思想上呈现出百家争鸣、百花齐放的局面，出现了孔子、孟子、老子、墨子、晏子、庄子、荀子、管子、韩非子等思想和政治大家。《论语》《孟子》《老子》《墨子》《晏子春秋》《庄子》《荀子》《管子》《韩非子》等，这些著作都闪烁着他们伟大的思想光辉！至近现代的龚自珍、严复、谭嗣同、孙中山等思想、政治大家的出现，难道这些人都是精神上的活死人？且失去了创造新的精神生命的能力？时至今日，儒家传统文化不仅没有衰落，而是推陈出新，发出璀璨的思想、光辉，在儒家传统文化教育的培植下，人才辈出。仅就以孔子命名的孔子学院来讲，现已在世界108个国家和地区开办了400所分院共设课堂500个以传授中华文明。正如许嘉璐先生

---

[1] 黎鸣：《问人性：东西文化500年的比较》（上册），上海三联书店2011年版。

所说，这是"5000年沉淀的中华文明精华向世界各地传播。而以孔子儒家思想为代表的中华文化正发扬光大！这就是为什么要用孔子来命名的缘由，且受到世界各国民众的认同和欢迎"。对此，黎鸣先生又作何解释呢？总不能说，世人皆醉，唯君独醒吧！现在再回到有关"人性本善"这一问题上来。黎鸣对孔、孟人性本善之说不屑一顾，但对稍后的古希腊哲人苏格拉底的人性本善论说并未见只言片语的评判。在色诺芬所写的《回忆苏格拉底》一书中，明确提到，苏格拉底与克里托布洛斯的对话："人们的天性有友爱的性情；他们彼此需要，彼此同情，为共同的利益而通力合作，由于他们都意识到这种情况，所以他们就有互相感激的心情。"此外，现代著名法国哲学家皮埃尔·阿多的《古代哲学家的智慧》一书，也转引了苏格拉底关于人性善的论述，其中就有这样一段记载"唯一的知识存在来自内心的个人发现。在苏格拉底那里，这样的内在性由于精灵而得以加强，因为他说，神灵的声音向他说话，制止他干某种事情。这是一种神秘经验或者一种神秘想象吗？很难说。总之我们可以从中看到一种后来被称之为道德良知的雏形"。"所有人都有对善的一种内心渴望……没有一个人愿意是恶的，或者用另一种说法，美德即知识。他要说的是，如果人类为恶负责，这是因为他们以为自己能从中发现善。如果他们是有德行的，这是因为他们知道，伴随着自己整个灵魂和存在，真正的善在哪里。"①

上述人性善的论说，笔者认为与孔子所提"仁者爱人"和孟子的"人性本善"说在实质上并没有什么区别，而黎鸣先生对此却视而不见，反而认为苏格拉底"善即知识"的观点"其本身即已经具有人性

---

① 皮埃尔·阿多:《古代哲学家的智慧》，上海译文出版社2012年版，第29-30页。

本恶的倾向"，并进一步解说："既然知识不是与生俱来，所以人生来无知，无知即不善，不善就有恶的倾向。"这是一种牵强附会的逻辑推理，其理由很难说服人，事实也并非如此。

笔者认为，孟子"人性本善"的立论是基于人的本性具有同情、怜悯的恻隐之心和助人之情。也就是孔子高度概括的"仁（人）者爱人"。这比苏格拉底所说的"避善趋恶是违反人的本性"的论述要早150年左右，但同样都是在"认识你自己"上一次伟大的发现！诚然，孔孟儒学在认识上也存在着片面性，即只承认人性本善而否定人性本恶。当然孔子、孟子的"仁、礼"观由于历史的局限，其内涵也深深打上了封建意识的烙印，但不能由此就全盘否定儒家的文化传统，而应取其精华，去其糟粕，推陈出新，发扬光大，这才是对祖国传统文化应有的负责态度。

第四章

主张人性无善无恶论者

与孟子同时代的告子就不同意孟子人性本善之说。认为人的本性根本就不存在善与不善的问题。他以杞柳树作比喻说:"性,犹杞柳也,义,犹桮(同杯)棬也。以人性为仁义,犹以杞柳为桮棬。"也就是说人的本性就好像杞柳树,仁义则好比杯盘,要使人性具有仁义,就得像用杞柳来做杯盘一样。告子想用此来表明人性须经后天的仁义教化才能成善,就好像杞柳木材被人加工制作成有用的杯盘一样。这话当即遭到孟子的反驳:"子能顺杞柳之性而以为桮棬乎?将戕贼杞柳,而后以为桮棬也?如将戕贼杞柳而以为桮棬,则亦将戕贼人以为仁义与?率天下人而祸仁义者,必子之言夫?"这就是说:你是顺应杞柳的本性使它成为杯盘论,还是破坏了它的原性而作为杯盘?如果是违背了它的本性(善一引者)做成杯盘,那就等于戕害人的原有本性而达到仁义,这实际上就在诱导天下之人来毁坏仁义！这表明孟子强调仁义，原本就存在人性之中，若加工改造，无疑是在戕害人的原有善性！

告之对孟子的反驳，当然不服，为了证明人的本性是无善无恶的，他又拿湍急的水流来作比喻。他说："性犹湍水也，决诸东方则东流，决诸西方则西流。人性之无分于善不善也，犹水之无分于东西也。"也就是说人性就如湍急的河水，若大堤从东面决了口，水就朝东流去，从西面决了口就朝西流去，所以水流原本无定向，完全依据外部条件的改变而变化。同样，人性也无善与不善的定向。告子这种观点，同样遭到孟子的反驳。孟子说："水性无分于东西，无分于上下乎？人性之善也，就水之就下也。人无有不善，水无有不下。"意思是说：虽然水向东流或向西流确实是不一样的，但水确有向低处流的恒性。故"人无有不善，水无有不下"。(《孟子·告子（上）》)

笔者认为，孟子坚持人性本善当然是对的，但反驳告子的理由却缺乏针对性，显得牵强附会。而告子的人的本性只有经过后天的仁义教化才能变善的论断也无疑是错误的。试问，人的先天若无善性因素存在，那么施教的圣贤，他是从何处而来？善性的生发怎能是无源之水，无根之苗呢？告子无善无恶论的错误就在于把物性和人性等同混为一谈。物性和人性是两个根本不同的范畴。物性如山、水等是纯属自然界，受自然法则所制衡，随着外在条件改变而变迁；而人性则完全属于人所固有的情感范畴，是受人的心理因素对外界的反应而生发的人的自主善、恶行为。所以告子的阐述和孟子反驳的道理均难以成立，因为人性和物性其本质就不相同，两者如何相当？

清末，维新义士、思想家谭嗣同也认为人的本性是无善无恶的。但他却别树一帜，用"名"和"实"之分来予以解说。对告子的"生之谓性"即天生具有的就是本性，他称之为"自然生成之实，而善、恶只是名，是后天人的称谓而已"。他说"然名，名也，非实也……人名名，而人名用，则皆人之为也"。以此来说明人的先天性并无善、恶因素存在，其所以产生善、恶之名，完全是后天人的称谓。为此，他进一步举证说："男女构精（性交），名之淫，此淫名也。淫名，亦生民以来沿习既久，名之不改，故皆习谓淫为恶耳。向使生民之初，即相习以淫为朝聘（古代诸侯亲自或派使臣按期朝见天子）宴飨之巨典，行之于朝庙，行之于都市，行之于稠人广众，如中国之长揖拜跪，西国之抱腰接吻，沿习至今，亦孰知其恶有？名为恶，即从而恶之矣。或谓男女之具（生殖器），生于幽隐，人不恒见，非如世之行礼者光明昭著，为人闻睹，故易谓淫为恶耳。是礼与淫，但有幽显之辨，果无善恶之辨矣。向始生民之始，天不生其具于幽隐，而生于面额之上，举目即见，将以淫为相见礼矣，又何由知为恶哉？"

"戕害生民生命，名之曰杀，此杀名也。然杀为恶，则凡杀皆当为恶。人不当杀，则凡虎狼牛马鸡之属，又何当杀者，何以不并名恶也？或曰：'人与人同类耳'。然则虎狼于人不同类也，虎狼杀人，则名虎狼为恶；人杀虎狼，何以不名人为恶也？天亦尝杀人矣，何以不名天为恶也？是'杀'名，亦生民以来沿习既久，第名杀人为恶，不名杀物为恶耳。以言其实，人不当杀，物亦不当杀，杀杀之者，非杀恶也。孔子曰：'性相近，习相远'。沿于习而后有恶之名。恶既为名，名又生于习，可知断断乎无有恶也，有恶之时，善当灭；善灭之时，恶又当生，不生不灭之以太（希腊语，伊太的音译，其意类似我国宋理学大家张载所说的太虚之气）乃如此哉？或曰：不生不灭矣，何以有善？有善则仍有生灭。曰：'生灭者，彼此之词也，善而有恶,则有彼此,彼灭则此生,独善而已,复何生灭?'或曰:'有善矣,何以言性无?性无,则善亦无。'曰:'有无亦彼此之词也。'善而有恶,则有彼此,彼无则此有,独善而已,复何有无?虽然世间无淫,亦无能淫者;无杀,亦无能杀者;有善,故无恶,无恶,固善之名可以不立。"①

上文阐述应是谭嗣同独家见解,笔者实在不敢苟同。所举之例却是不可思议,也证明不了人的本性是无善无恶的。

文中提到的有关名和实的问题。诚然,实在先,名在后。但名的根本在于实,名从实来,并要名实相符,名副其实。这是由客观事物本质决定的,也是经社会实践验证,绝不是人们随意胡乱来定名的。所以,善和恶的名称都有其确定的内涵(实),有着严格区分的标准和规范,就犹如现今法律条文制定一样,是来不得半点马虎的。若有名与实不符的情况,也定会遭到社会公众的抵制和反对。总之,名是代表实的。就拿文中所说的"男女构精"来讲,若只是夫妇间正常的性生活,这只是人的生理需求,人类繁衍所必需,是很正当的行为,岂能称之为淫?只有不正当的或违背他人意愿的性行为才称之为"淫",再拿文中的"然杀为恶,则凡杀为恶"来说,这就是撇开了"实"的内涵,单凭"名"来定恶。在现实社会里"杀"是恶还是不恶均有严格区分的。滥杀无辜平民百姓那就是罪大恶极,若是杀掉罪大恶极的罪犯,则是为民除害,不但不恶而是大大的善举!所以,就"杀"名其所包含的实情来说就是有善有恶的。至于文中牵涉的禽兽问题,分析前,还需特别说明一下:善、恶之性只是人类所独有,其

---

① 谭嗣同:《仁学》卷一,高等教育出版社2010年版,第74-76页。

他禽兽则全无。这是因为人类具有高度的智力，在社会实践中所获取的知识，能够自我认知什么是善性，什么又是恶性。而其他动物却没有这种意识。它们只是依据食物链的法则，食与被食，都是自身生存的需要。否则，只得统统死光了结，那么动物也不复存在，这也是天赋之性。而虎狼偶尔伤人，也就谈不上什么善恶问题了。至于人杀禽畜，则要视具体情况来定。若只是人们饲养的家禽家畜，为食用而杀之，谈不上什么恶。没听说哪家杀了一只鸡或宰了一只鸭就说这家人太恶，你硬要这么说，也不会有人赞同的。因为善和恶只限于人与人之间所发生的事情，宰杀家禽并未损害社会和他人的利益，怎能算作恶？至于捕杀野生动物，从保护人的生存环境考虑，是被法律禁止的，这种破坏自然生态环境、损害公众利益的行为，被视为恶行。文中还提到天灾也伤害人类，为何不指天为恶？这是自然现象，因为天本无意识，谈不上什么善和恶，宇宙运行可以给人类带来最大恩惠，包括人的生成；同样也会给人类造成巨大灾难，包括人类消亡。原本的天性就是如此，人类所能做的就是顺应宇宙运行规律趋利避害！最后，文中用"以太"不生不灭，而人性善、恶是有生有灭，与"以太"之性不相符的理由，来论证人性原本也是无善无恶的。这种理由也是难以成立。其一，诚然"以太"是不生不灭的客观存在，但理学却认为太虚之气其性是至善的。谭嗣同本人也承认"天地间仁而已矣，无所谓恶也"。又说"天理，善也；人欲，亦善也"。(《仁学》) 这在大前提上就产生了矛盾。由此可见，谭嗣同的"人的本性无善无恶论"的观点确存在模糊性。其二，实际上人性善恶也都是天生所具有（对此，在本书有关章节已有详细论述），同样是不生不灭的客观存在，不存在此起彼消的情况。人的善恶本性有其可塑性，即可发扬或遏制而不能重生或消亡。这与"以太"之性是相一致的，不存在不相吻合的情况。总之，谭嗣同提出的所有论据均不足以说明人的本性是无善无恶的，所举事例也颇荒唐可笑。

总之，谭嗣同想以名实关系和辩论试解现实生活中的矛盾，只能陷于空谈，解决不了实质性问题。

现代著名哲学家冯友兰先生亦沿袭告子人的本性无善无恶之观点。他说"我以为欲是一个天然事物，他本来无所谓善恶，他自是那个样子。他之不可谓善恶，正如山水之不可谓为善或恶一样"①。

笔者在此之前已经说过，这两者同样也无可比性。因为人是具有生理机能本性的反应，其心脑器官有高度的思维功能，而山水则全无，所以拿山水作比拟是印证不了人的本性是无善无恶的。

当下，颇具名气的哲学家杨国荣教授也是偏向人的本性是无善无恶的。杨国荣针对孟子用"水有向下恒性"的不当比喻论证："这并不是水的本性，而是外部条件的改变所致。同样，人之变得不合道德，也并非出于其本性，而是外力影响的结果。"由此得出"孟子认为人性本善，这当然是一种先验论的偏见"的论断，并进而说：孟子的人皆有之的"恻隐之心，已非纯粹的自然本性，作为一种渗透了道德意识的情感，恻隐之心乃是在长期社会教化影响下形成的。这种影响在沉淀、内化之后便习惯成自然，亦取得了某种'自然'的形式，如果离开了后天的社会作用过程，这种情感显然不可能形成"②。对于杨国荣的上述言论笔者不敢苟同，确有商榷的必要。

杨国荣认为孟子的人性本善是一种先验论的偏见。这一论断似不能

---

① 《人生的品质·性善与性恶》，载《哲学评论》第九卷第三期。
② 杨国荣：《孟子的哲学思想》，华东师范大学出版社2009年版。

成立。因为孟子所说的人性本善是与生俱来的，是内在的，既看不见也摸不着。而这种本性善要为人所知，就必须通过人在后天的社会行为来体现，这又必须仰赖人的语言和文字来表达，这就需用人的知识来认知。由于人的大脑发达，具有高度的智能，通过社会生活的实践和积累的经验，明白了凡是帮助他人受益而使人生活过得幸福安康就称它为善行，相反，凡损害他人生活而使人痛苦就是恶行。同时又由于人拥有了知识，懂得如何来行善，又如何施恶，并且行善或施恶还可随着环境和主观意识的改变而相互转换。一般来说，人在后天为了生存协作的需要，人性是趋向善的，所以，行善的人还是占绝大多数。行善使人的善性得以提升和发扬，而恶行则是人的恶性膨胀所致。

很显然，人的先天本性善的道德内涵只能通过后天的知识实践而被认知。这正是先有社会现实而后才产生观念，并不是先由观念再推论出现实。所以，用"先验论的偏见"来评判孟子的人性本善的立论似不妥。

杨教授不是也说"如果完全离开主体的内在根据，那么，人格的培养便会或多或少带有异己的性质，从而很难使道德理想在主体之中得到真正的实现。孟子以善端走向理想人格的源泉，似乎已注意到了这一点"。

诚然，人的本善道德内涵是人们社会生活实践中的行为准则和规范，但这都是缘起人性善端在后天的拓展和升华。若离开了这个人性善的源泉，那么也同样无法形成，这应是两者的因果关系。

再者，认为孟子所提出的"恻隐之心并非纯粹的自然本性，而是一种渗透了道德意识的情感"。此说法也难以使人信服。

"恻隐之心，人皆有之"应是孟子经过长期观察得出的结论。恻隐、同情之心却是人的天性自然流露，感同身受，显现出人与人之间的真情，不仅为大量事实所验证，还被当前高科技所验证。若没有这种人的先天同情心的情感，后天的这种道德意识又从何处而来？至于说到后天长期教化的影响，只能说是对人的原本情感的提升和发扬光大，而不是形成这种道德情感的基本因素。

第五章

主张人性善、恶兼具论者

孟子、荀子各自提出的人性善、恶主张都存在着片面性，这也是他们的偏见，所以自人性善、恶争端开启以来，就一直争论不下，对立双方谁也说服不了谁，难以定论，其根本原因，就是双方都揭示了人的善、恶本性的一面，都只说对了一半，但却各抱偏见，各执一端，只认己说，排斥他论。其实，孟子所说的人的同情、怜悯之心（人的天然亲情）和荀子所说的好利之心（人的贪占欲）都是人的天性。只不过，孟子说了人性善的一面，而荀子则谈了人性恶的一面。若把两者观点融为一体，即人性是既善又恶，善、恶兼具，则应是人性的完整表达。关于人的本性既善又恶的论说，历代学者也有所提及。东汉王充在其《论衡》中就记有：周人世硕，以为人性有善有恶，举人之善性，养而致之则善长；性恶，养而致之则恶长。如此，则性各有阴阳，善恶在所养焉。故世子（指世硕）作《养》书一篇。宓子贱、漆雕开、公孙尼子之徒，亦论情性，与世子相出入，皆言性有善有恶。而王充本人也极赞同人的本性是善、恶兼具。他在同篇中论及"性本自然，善恶有质"，并认为世硕、公孙尼子等所说是"颇得其正"[①]。扬子（扬雄）在"修身篇"中说："人之性也善恶混。修其善则为圣人，修其恶则为恶人。"宋司马光在此作注说："孟子以为人性善，其不善者，外物诱之也；荀子以为人性恶，其善者，圣人教之也。是皆得其一偏，而遗其本实。夫性者，人之所受于天以生者也，善与恶必兼而有之，犹阴与阳也。遗憾的是，由于历代大多视孔孟儒学为正统，上述言论未能引起世人的重视和认同，因而至今仍陷在孟子和荀子人性善、恶的争辩之中。正如现代著名哲学家冯友兰先生所说："性善、性恶，亦为中国数千年来学者所聚讼之一大公案。"[②]而国学大师季羡林在其《季羡林谈人生》一书中也曾说："大家知道，中国哲学史上，有一个不大不小的争论问题：人是性善，还是性恶？这两个提法都源于儒家。孟子主性善，而荀子主性恶。争论了几千年，也没有争论出一个名堂来。"

现今，人们对善、恶本性的争论，其范围更广更深了，参与辩论的人群从学生到市井百姓，有时朋友、同事、同学和家庭成员之间也争得面红耳赤，互不相让。但都仍陷在孟、荀善、恶之辩的框框内打转。1993年在新加坡举办的国际华语大专辩论赛，有来自七个国家和地区的八个学校代表队参赛。经过初赛和复赛，最后进入决赛的是台湾大学和复旦大学。辩论的主题就是人性本善还是人性本恶。经过抽签决定：台湾大学是正方，坚认人性本善；复旦大学是反方，坚认人性本恶。双

---

① 王充：《论衡》（本性篇），上海人民出版社1974年版，第43、44页。
② 冯友兰：《冯友兰谈人生》，长江文艺出版社2009年版。

方基本上是以孟子、荀子人性善、恶观点为论据，并结合社会实际展开辩论，经过将近一个小时的激烈辩论，双方表现异彩纷呈，但就人的善、恶本性辩论本身来说，难分胜负。因为各自坚持的理由都不能说服对方，自然也不会被驳倒，大会评判团也无法对谁的观点正确作出明确的结论。因此，在评判团代表哈佛大学东方语言及文明系教授杜维明分析赛情发言时，对有关人的善、恶本性争辩评判时只好这样来说：正方一辩引述康德、孟子和佛教的观点，建立了性善为本、恶行为果的基本理论，脱俗不凡，条理简洁，我好像已经被说服了；反方一辩则坚持"人性本恶，其善在伪也"的观点，分辨人的自然属性和社会属性，简洁明了，很有震撼力，而且用词精练，有条不紊，我好像又被说服了！但双方辩论观点究竟是哪方对，哪方错，评判者却是下不了最后结论。

造成这种矛盾和尴尬局面的关键是双方的观点都带有片面性。正方认定"人性本善"这没有错，但否定人的本性还有恶的一面，这就错了。同样，反方坚持"人性本恶"也是对的，但否认人还有善的本性，这也就错了。所以才产生自相矛盾，不能自圆其说。只有认识到人的本性是善、恶兼具，才能合理地予以解说。当然，辩论双方的胜负并不决定于辩论观点本身是否正确，而在于辩论的技巧，逻辑性、语言的精练和流畅以及辩论者的风度来决定。

最后，还需指出的是，有的学者提出"孟子和荀子都认为人性不是不可以改变的，不是决定一切的，所以，所谓性善性恶，先天后天，原也就无所谓善恶，性善性恶只是二人逻辑论证的不同前提而已"。但笔者对此论不敢苟同。不能说孟子、荀子对人性后天可以改变的认同就可以忽视和抹杀他们在人的善、恶本性上的分歧和对立。他们分别在《孟子·告子上》和《荀子·性恶篇》中鲜明地表达了各自的立场。其立场和观点是泾渭分明、毫不含糊的。

至于二人都认可人性后天可以改变，对此二人均有论述，确是一致认同。二人都认为无论本性是善还是恶，在后天都有可能成为完善的人，即"人人皆可成尧舜"。冯友兰先生对此也有论述（见本书第二篇）。但这并不能说明二人在人的本性善、恶上就不存在分歧和对立。由于孟子、荀子二人立场、观点不同，在掌控人性善、恶的社会实践方式方法上就有所区别。孟子认为，人在后天要继续不断施以圣贤教化，以存仁、义之善心并使之发扬光大，以防止社会不良环境戕害人的善性而变恶，也就是孟子所说"苟得其养，无物不长；苟失其养，无物不消"和"求则得之，舍则失之"。而荀子的着重点，则是大力倡导礼义、法度来规范和制约人们的行止，严厉限制恶性趋向，促使人们改恶从善。虽然，孟子、荀子二人的观点都存有偏见，但确实各自揭示了人的本性善、恶的真实一面，这对人们由此进一步认知到人的本性善、恶兼具的理由是非常重要的。

著名作家孙犁晚年在总结自己一生时就曾这样说过，"这场大革命（指"文化大革命"），迫使我在无数事实面前，摒弃了只信人性善的偏颇而兼信了性恶论[①]"。

有一位读者在某报副刊上写了一篇短文。其中的一段话道出了一位普通人对人性善、恶兼具的感受心声。他说"人心里有善，就是良心，也有恶，这是人性的真实光景。我们不需要高举人类的崇高，也不需要因为人性的瑕疵而否定人的价值，唯有如此，才能善用人心中的善，不被人心中的罪恶抑制，生活才会更自由美好"。

[①] 唐韧："路线与人性孰更恶"，《文汇报》2011年1月9日。

作家解正中对人性善、恶进行了研究和探讨，明确提出人的本性是善、恶兼具的，并撰文"人性论新论"论述了人性善、恶兼具为人的先天所固有，颇具说服力。该文收录在《三情录·人性论》一书中，这应是国内较早重提"人的本性是善、恶兼具"这一认知的学者。

在本书第二篇，笔者将对人性的善、恶因素兼具，均为人的先天所固有观点，做进一步深入的探讨和论证，来共同试解2000多年来的这一学术"公案"！

第二篇

人的本性既善又惡

篇首语

人的本性既善又恶应是天经地义的。它符合事物对立统一发展的规律。因为世间万物都存有正、反两面，两两相对，相辅相成。

我国古老的《易经》就根据阴阳之理，认为自然界的事物都是阴阳相伴而生，相随而现的。如从自然界的现象来看：天为阳，地为阴；日为阳，月为阴；暑为阳，寒为阴；昼为阳，夜为阴；晴天为阳，雨天为阴等。这种自然现象都是两两相对，同伴相随的。《易经》中"八卦"和"太极"的图形就是根据天地间一阴一阳之道而构成，所以，世界上就没有只有"阴"没有"阳"或只有"阳"没有"阴"的现象。否则世界也就不成为世界了①。而人的善与恶当然也是相对而言，善是对恶来说的，恶也是对善而言。若无善也就无所谓恶，反之亦然。

---

① 祖行：《图解易经》，陕西师范大学出版社2010年6月版。

犹如生与死一样，没有生哪来的死。所以说，对立统一是一切事物构成和发展的普遍规律。再就人的情感来说，亦是两相对立的。如人有悲就有喜；有哭就有笑，有苦就有乐；有爱就有恨，两两总是相对而生，相伴而现的，不可能只有一种单独现象存在。

老子就说过"万物负阴而抱阳"，是阴阳一体的。人就是大自然天地之子，是阴阳组合孕育而生，两两相对而存。宋代理学家程颢也曾说："天地万物之理，无独有偶必有对，皆自然非有安排也。"（《二程遗书》卷十一）人的善、恶本性自然也应是同生共存的，不可能单一存在。这犹如人在阳光下，有明亮的一面，也就必有阴影的另一面。若人性只善不恶或只恶不善，那么后天社会人们所呈现的要么都是君子、圣贤之士，要么都是奸诈、阴险之徒。然而，事实并非如此，在现实社会里确有好人和坏人，有善行也有恶为，是善、恶并存的。

佛教创始人释迦牟尼2500年前在向众吊弟子说法时，郑重提出："善护念！"告诫弟子要好好照应你的心念，起心动念都要好好地照应你自己的思想。要起善良之心，勿动邪恶之念！（见《金刚经》第二品"善心起惰萌清分"）。从这里就清晰显出人的心念是善、恶兼具的。

而佛经中对人的本性善、恶兼具也有确切的阐述。佛学中就将人的善、恶思想和由思想发之于身体语言的善、恶行为都称之为"业"。同时将"业"分为三种：善业、恶业、无记业（无善无恶）。并将善业、恶业合称为"意业"，身体、语言的善、恶行为分别称为"身业"和"语业"。并特别强调在三业中意业是主导，身业和语业都受意业支配。明确指出："业虽然无形、无象、无质、无量，但是人们起心动念都是业种，并且不会磨灭，恒久存于人的意识中，一旦遇到助缘就会起感造业。"①

从这里也可以清楚地看出，人的本性是善、恶兼具的，即上文所指的"意业"，并且起支配作用。也就是人的后天善、恶行为是源自本性的意业，随着所遭遇外在环境事物条件的影响，即文中所说"助缘"而生发。而且这种本性意业是不会消失而永恒存在的。

英国哲学家休谟也是认同人的本性是善、恶兼具的。他在论证人的本性恶与德的问题时就曾说："恶与德是情感产生最明显的一个原因……如果一切道德都是建立在痛苦和快乐之上，当我们预料自己或别人性格会带来损失或利益时，痛苦和快乐就会产生，那么道德的全部效果就必然由痛苦或快乐得来……德的本质在于产生快乐，而恶的本质在于给人痛苦。德与恶必须是我们性格的一部分……"②

从休谟上述言论可以看出德（善）与恶都是包含在人的本性之内，是人性格的一部分。人的善行会给他人带来利益和快乐；恶行会损害他人而使别人痛苦。这就是由于人性的善、恶因素而生发的善行或恶为所带给人们的快乐和痛苦的根源。

总之，人的本性是善、恶兼具，无论你偏向哪边，如何进行辩解，都无济于事，因为这是人的原始性，人的天性，是不随人的意志而转移的客观存在。

人的本性善、恶兼具是通过历史和现实所发生的大量事实得到印证和确认的。人的先天善、恶本性是无形、无量、无象的内在的生理因素。是人生发善、恶的根源。而只有通过社会外在事物接触和熏陶，人的善、恶行为才会显现。

---

① 聂华：《佛理解说》，宗教文化出版社 1996 年版。
② 休谟：《人性论》，北京出版社 2007 年版。

但现今，却有人认为，人性善、恶的研讨不能用简单的用语和举例来论证，认为这说明不了问题。有一位伦理学方面颇具知名度的学者，就曾当面向笔者说：在学说问题上用事实举例是论证不了你所需要的结论的。理由是有正例就必定会有反例。并说简单的用语是解决不了深奥的哲理！他的这种观点，笔者很难认同。诚然，事物的正例和反例都应是事实。但事物总有普遍与特殊，一般和个别的现象。不能因个别事例的发生就否定了这一事物的基本性质。就如金子经提炼后，总会残留些微的杂质，你怎么否认它是金子，也不会影响它自身应有的价值；又如历史上被公认的伟人和英雄，他们一生中也难免发生过一些过错，但这并不能影响大众对他们的正确评价和景仰。我们说，母亲是伟大的，这应是人们的共识。但不能因个别母亲在某种情况和条件下而曾发生过戕害亲子的情况，便否定世间就不存在伟大的母爱！

总之，忽略或轻视社会上所发生的众多现实事例就无法从中积累新的感性认识，从而也就无法获得理性上的新的认知，那么正确的结论又从何处得来？

再说，理论也好，结论也罢，不管是谁说的都得经受历史的检验，看是否与现今事实相符合，若不相符，那他的这种理论或结论就必须予以修改和更正，以适应时代的发展，好与时俱进！

笔者认同，任何正确的结论都应是理性认识，并经过实践的检验而得出。即通过社会上所发生的大量事实来予以印证，而不是硬从书本中去搜索。

至于说，用简单的用语说明不了深奥的哲理，这话说得就有点武断。事实上就有很多学者、大师用质朴简单的用语来阐明他们的论说。如现代知名哲学家冯友兰教授就给"哲学"一词下了一个非常简明的定义。他说：什么是哲学？"哲学就是研究人的学问。"笔者对此句的理解，哲学就是研究人的思想、情感和认知的学问。总之能用简单通俗的用语说明深奥的哲理而为大众所接受，这不比用深奥难懂的用语好吗？就怕没有那个学问功底难以做到。

第六章

人性善的根源及其行为表现

本章和第七章谈及的人性与人的行为表现应属于两个不同范畴，但两者却又是相互关联、自然延伸的有机统一。

善、恶的根源是针对人的本性来探讨的，而人的行为表现则是缘于人的本性善、恶因素在后天社会与外界环境接触中所呈现的不同的反应。所以，两者既有区别又相互关联。

人的本性是人生固有的自然属性，是不学而能、不教而会的生理机能的自然反应。正如我国圣哲荀子所说："性者，天之就也；情者，性之质也；欲者，情之应也。以所欲为可得而求之，情之所必不免也；以为可而道之，知所必出也。"（《荀子·正名》）这就是说：本性是自然造就的；情是本性的实质；欲望是人的性情对外界事物的反应。认为自己的欲望可能会得到满足就努力去追求，这是性情所不能避免的现象；

认为自己的欲望是正确的就会努力去实现，这是人的智慧必然所驱使。

2000多年前荀子对人的本性有这样精确的论述，实是人性论史上一颗璀璨的明珠！

其一，确认了人的本性是人所固有的自然属性；其二，揭示了人的本性实质就是人自身的所有情欲，也就是我们现今所说的人的"七情六欲"；其三，明确了人的这种情欲是在后天人与外在环境接触后，付诸行动才会呈现。

正由于人的内在情欲，才会在后天社会生发出人的善、恶行为。

人的善性生发于人的同情心，这种同情之心是人类性善最显著的特征，也是其他动物与人无法比拟的。它基于同类的人，其生理机能和情感类似且人大脑发达，具有高度智力，而产生人与人之间相爱和同情，对他人遭受的痛苦或苦难能够感同身受，是人心灵的自然反应。如当得知有人残忍地虐待他人时，心中立刻产生同情和怜悯；当有人处于危险之中，只要有可能就会及时伸出救援之手。正如18世纪美国哲学家、经济学家亚当·斯密所说："一个人的性格中，显然存在某种天性，无论他被认为私心有多重，这些天性也会激励他去关注别人的命运，而且还将别人的快乐变成自己的必需品。他因目睹别人的快乐而快乐，不过除此之外，不啻一无所获，然而他依旧乐此不疲。同情和怜悯就是这种天性，亦即这样一种情感：当我们或亲眼目睹，或浮想联翩地设想他人痛苦时，我们就会感同身受。我们时常因他人之悲而悲，其实这种情况朗如白昼，无须例证……"①

随后，美国哲学家叔本华更简明扼要地论说："天然的同情心，它

---

① 亚当·斯密：《道德情操论》"论同情"第3页，凤凰出版集团、译林出版社2011年版。

是每个人天生即有的,并且已证明非利己行为唯一泉源,只有这种行为才有真正道德价值。"并进而指出:"我认为同情就是伦理学的基础,并且愿意把它说成是一种认为自我和非自我一样的感觉能力,这样,这个人便直接在另一个人内认出他本人,他的真实存在就在那里……"①这段话简洁来说,就是"同情心"这一感情的产生,是源于同类的人,其身心感受能力都是相同的。即他人遭受的痛苦和不幸,自身也同样感受得到,因而对他人的同情、怜悯之心则会油然而生。而我国孔子早在2500多年前就已经指出"仁(人)者爱人"这一著名哲理。可见这种同情之心是牢固地建立在仁(人)爱基础上的。也只有这种同情心普遍发扬光大时,人类社会才能和谐共处,才有可能共同来创造美好幸福的生活!正如英国哲学家罗素所说:"也许对未来人类最好的希望便是希望他们找到一种扩展同情范围和增加同情强度的办法。"②

仁(人)爱之情最早在婴幼儿身上就可体现。孩子一出生,最先接触的就是父母亲,这种亲情之爱在生活相互感应中便会油然而生。婴儿大概在一两个月后,脸上就会显露出笑容。当母亲爱抚时,愉悦的微笑就会显现;看到外人与他逗乐时,大多情况下也会微笑作出回应,这都是婴儿亲情的本能。

孔子又把这种亲善之情提升到人(仁)爱之义上。这种人(仁)爱最初表现在父母与兄弟姐妹之间的骨肉血脉亲情上。再经过后天的品德熏陶教化而提高了人的理智,使人的善性得到进一步升华和发扬,呈现在孔子所倡导的"泛爱众"上。孟子说"老吾老,以及人之老;幼吾幼,以及人之幼"就是提倡将这种亲情之爱推及他人,而体现在人

---

① 叔本华:《伦理学的两个基本问题》,商务印书馆1996年版,第294、299页。
② 罗素:《罗素道德哲学》,九州出版社2004年版,第192页。

间大爱之情上。而这种情感的生发和拓展都是由于人性存有仁爱善良。若没有这种性善的因素，那么人爱亲善之情感也就不复存在，犹如树无根、水无源一样。正是由于善性的存在，人才可能在后天先通过家庭血脉亲情的融合，再通过社会文化的熏陶培育，做出有利于社会、有利于他人善行的事情。

这里，尚需提出的是人的天性除具有上述天然同情（怜悯）心之外，还有求知欲，凡事都想探个究竟。这种求知意愿，将大大有助于人性善发扬光大！

这可从儿童最初好拆卸玩具和平时好向大人刨根问底得到印证。由于这种求知欲望成人后表现在对自身事业的追求上，特别是科学研究和创造发明，而不断推动社会的文明和进步，使人们的生活过得更加幸福和美好！这可以说，求知欲可将人性善升华到至善的境界！

现时，有一个问题需要特别提出来讨论，就是有不少学者认为，仁（人）爱，是完全出于个人利益来考量的。也就是爱与不爱取决于别人给予自身的利益多少，即所谓"爱有等差"之说。如北大教授王海明在其著作《人性论》中就明确地说："人生在世，为什么我最亲近的人是自己的父母，配偶，儿女，兄弟姐妹？为什么我对他们的爱最多为他们谋利益最多？岂不仅仅是因为他们给我的利益和快乐最多？……谁给我的利益和快乐较少，谁与我的交往较远，我对谁的爱必较少，我也必较少地为谁谋利益；谁给我的利益和快乐较多，谁与我较近，我对谁的爱必较多，我也必较多地为谁谋利益。"[①]

上述所言，从形式逻辑推导来看，也不无道理，社会上也确有情况

---

① 休谟：《人性论》，商务印书馆 2014 年 10 月版，第 112 页。

如王教授所说。但从社会总体来看，人们的行为绝大多数并非如此。其论断是与社会实际不符的，立论也是错误的。把爱与不爱、爱的多少与自我获利多少等同，并由利益相左右，这实际是一种心理上的交易，并从根本上否定仁（人）爱是由人的天性所生发。无论是人的血脉亲情之爱，还是人际间相互之爱都是由人的天然同情（怜悯）心所生发，而不是依个人获利多少而转移。媒体报道过的一个实例就可说明问题。一个年仅十岁名叫王依萌的农村小女孩，由于父母先后病故，只能独自一人照顾比她大一岁患脑瘫的小哥哥。小依萌除操持家务外，还要全程照料哥哥的生活起居，包括喂饭、洗脚等。这就充分印证这里彼此并不存在任何利益驱动！面对脑瘫的哥哥也无任何利益和快乐可言！有的，只能是血脉亲情之爱的关联！而父母对子女无私的亲情之爱的事实也是尽人皆知。再是，人际间相爱也不是由利益而为。媒体上屡屡报道很多慈善之士尽其所能来资助互不相识远在千里之外的贫困儿童就学以及赞助各种公益事业，更有救死扶伤、舍己救人的至善之人。这也无一不体现出"人间自有真情在"。

我们应当理解什么是爱？爱的实质就是付出，爱得越深付出的就越大。所以，爱就是无私的奉献，犹如春风化雨那样"润物细无声"（杜甫诗），若爱藏有私利那就不能叫"爱"而是交易。毕竟社会上"有奶便是娘"的人终究是少数，并不是普遍现象！

所以，现代美国社会学家库利就曾经说过这样一段话："在人类生活中，使得行为具体化的，根本不是某种动机，而是由教育和社会环境决定了其表现形式的本能。它只通过复杂的社会决定的思想感情方式起作用。"关于这方面的问题，在第三篇中还将详加探讨。

上述所言，仅是为了说明仁（人）爱是由人的天然同情、怜悯心所决定，而非由个人利益来驱使。这里笔者无意否定实际上也否定不了，人际之间存在个人利益的考量。因为利己是人的本能，有着天然的合理性。从人类进化一开始就是这样，凡是有利于自身的就保留发育而成长；凡妨碍人生存的就抛弃而自行退化。从人的现实生活来看，诚如荀子所说：人"饥而欲食，寒而欲衣，劳而欲息，好利而恶害，是人之所生而有也。是无待而然者也，是禹（圣贤之君），桀（残暴之王）之所同也"。① 所以，为己非但无可非议，还是人的生存本能所必需，具有天然的合理性。但在这里也应认识到，为己也要有个"度"，不能超出合理的范畴，不能用为己作为借口，把个人利益摆在至高无上的地位，只顾己利，无视他人所应有的权益，更不愿也不顾社会的集体利益，这就成了今天所说的极端个人主义者。也是人们所反对和唾弃的！

因而，最符合人性善行为的标准，应是既利己又利人，并在利己的基础上，更大程度上有利于社会和他人。

对此，早在2400年前，我们先哲墨子就提出"兼相爱，交相利"的主张。墨子倡导人们要彼此相爱，并要求爱别人就像爱自己；对待别人就像对待自己。只有这样，才能使人人都获得公平合理的利益。故墨子言道：要"视人之国若视其国，视人之家若视其家，视人之身若视其身。是故诸侯相爱，则不野战，家主（封地之主）相爱则不相篡，人与人相爱则不相贼（戕害），君臣相爱则惠忠，父子相爱则慈孝，兄弟相爱则和调"。继而墨子又认定："夫爱人者，人亦从而爱之；利人者，人亦从而利之；恶人者，人必从而恶之，害人者，人必从而害之。"墨子这种认知，应是从他自身社会生活实践中而来。社会上人与

---

① 荀况：《荀子·非相》，中国长安出版社2009年5月版，第40页。

人的利害关系也确实如此。人在利己的同时也能利人，而利人又往往大于利己。只有在这种良性循环下，才有利于人们的和谐相处；有利于社会的发展和进步；有利于人们获得美满幸福的生活！墨子还劝诫道："今天下之君子，忠实欲天下之富而恶其贫，欲天下之治而恶其乱，当兼相爱，交相利。此圣王之法，天下之治道也，不可不务也。"①

上述墨子所言，揭示了人的善行特质和其必要性，也是最符合人性善的普遍理念。

因此，我们最应提倡的就是：要做好人好事而不做坏人坏事，进而升华到只愿做好事而不想和不愿做坏事。这也是人们扬善抑恶的最高标准和要求。

人的天良善性在后天社会，最最显著地体现在亲情、友情、人情这三个方面：

一、亲情

这是由内在血缘关系所凝成。这种骨肉血脉亲情，从古至今无处不在。拿父母对子女的关爱来说，是无微不至的。正如清慈禧在其母七十大寿所写的诗那样："世间爹妈情最真，泪血溶入儿女心；殚竭心力终为子，可怜天下父母心。"来形容父母这种无私的至爱！特别是当子女遭遇不测或危难时，做父母的总是毫不犹豫地面对死亡，竭尽全力挽救孩子的生命。

20世纪90年代，南方某公园，下山缆车的缆绳突然断裂，当车厢急速向地面坠落时，车厢中一对年轻夫妇高高地托起自己的孩子，孩子

---

① 引自《墨子·兼爱·非攻》（中篇），中华书局2014年10月版。

安然脱险，父母却未能幸免于难。又如，2008年，"5·12"汶川地震灾害搜救中，一处倒塌楼房的废墟中发现一对夫妇，趴在一岁左右儿子的身上，用身躯保住了孩子的生命，夫妻俩双双殒命；在都江堰一处挖掘现场，发现一位跪在地上身体弯曲成弓形的妇女，救援人员发现她时，她正紧紧搂护着三个月左右的婴儿，已被砸身亡，孩子却毫发无伤。在这位母亲的衣袋中找到一部手机，上面有一行遗言"亲爱的宝贝，如果你还活着，你要记住，妈妈是爱你的"。2010年8月8日，甘肃舟曲发生的那一场特大山洪泥石流灾难中，一位母亲深陷于淤泥中，为了避免孩子被掩埋，用双手将足有30斤重的4岁儿子高高托起，硬是坚持了8小时，直到救援人员将母子救出，这位母亲也随即昏迷。在另一处倒塌的房屋中，一位55岁的父亲用身躯护住两个女儿，其中大女儿又紧紧搂着小妹妹，三人就这样紧紧搂抱在一起，被掩埋在废墟中，当救援人员挖出时，无不为之动容而流下热泪。

以上都是在突发事件中，父母不由自主爆发出的亲情之爱，这是人的善良本性使然，这都会从人们社会生活实践中得到验证。2010年拍摄的电影《唐山大地震》主题曲就有这样的歌词"母爱流出天性"。反之，子女对父母的爱又何尝不是一往情深。这种亲情之爱自古以来也是一脉相传的。如中国古时《二十四孝图》就充分反映了这一情况。孔子的弟子闵子骞就是其中一位。相传他年幼丧母，父娶后母，生有两个弟弟，继母嫌恶闵子骞不能善待。入冬时制作寒衣，给两个弟弟用的是棉花衬里，而给闵子骞絮的却是不能御寒的芦花。闵子骞时常冷得发抖，却一声不吭。但这事最终还是被父亲察觉，对妻子这样虐待孩子的做法大为恼火，便要立即将妻子休掉，这时闵子骞却竭力劝阻说："母在一子寒，母去三子单。"意思说：留住后母，只是我一人身寒而已，若是休去后母，不仅他自己，连两个弟弟都得不到温暖和照料，而会倍感凄凉！父亲称赞闵子骞想得周全而作罢，继母被闵子骞的善良所感动，改正了自己的过错，从此善待闵子骞。孔子也发出"孝哉闵子骞"的由衷感叹！而今在我们现实生活中，子女对父母的爱也是处处呈现，各媒体都有报道。最近有报道说，有一个不满十岁的小女孩，父亲病故，母亲患病长期卧床，她小小年纪，既要上学又要照顾妈妈的日常生活，其生活的艰难也就可想而知。还有一位考上大学的青年学子，因父亲病残，生活不能自理，若离开家门去上学，父亲就无人照管，于是就干脆背起父亲一同赴校，这样一边读书、一边照料父亲的生活，一时传为佳话，并拍成电影广为流传。

这种亲情也在兄弟姐妹之间传承，有些事迹也着实令人感动。我们经常在报刊上看到，在贫困山区，有的家庭同时有两个子女在校读书，当家庭经济困难无法再支持二人同时上学时，就会出现：兄弟姐妹互相谦让，把读书的机会留给对方，而自己甘愿留在家里帮助父母种地，养猪放羊。

笔者一位女同事陈玉君（化名）的事例也可说明姐妹之间这种至爱亲情。1970年，陈玉君21岁的妹妹因患上了严重的心脏病而病退，不幸的是，母亲在同年去世。此时，作为姐姐，就毫不犹豫地将妹妹接到自己身边照顾，让她接受治疗。1971年，妹妹由于病情加重，紧急住院抢救，做了修补心脏瓣膜的大手术，用尽了姐姐的积蓄。1983年，妹妹的心脏病又严重复发，第二次紧急住院，进行瓣膜更换并加装心脏起搏器，需自费10万元，此时，只得变卖家具和父母遗留下的珍贵书籍，还需向外借贷才凑够了这笔钱，真是到了倾家荡产的地步。妹妹由于病体虚弱，不仅不能承担家务劳动，就连自己的生活也不能很好地自理。为了照顾好妹妹的日常生活，姐姐一直拖延不结婚，直到38岁才遇上了真诚对待自己的心上人。但在婚前仍然向对方提出了两个条件：一是要带着妹妹出嫁，二是为了照顾好妹妹，自己不能要孩子。男方被她的真情所感动，均一一应承，她这才同意结婚。现在三人生活得很幸福。

以上所有事例使我们深深体味到骨肉血脉亲情是发自内心的真爱，是无须任何理由的，是人的本性使然！2000多年前孔子的弟子有子就曾感叹："孝悌也者，其为仁之本与！"意思就是说：孝敬父母，爱护自己的兄弟姐妹，这就是仁爱的根本吧！

二、友情

它是基于同胞兄弟姐妹之亲情向外延伸到社会的一种情谊。这是由于人进入社会后，有机缘和他人在同一个环境中相处而建立起的情感，也是人善性的一面向外的拓宽。这种友情大多产生于同乡、同学、同事特别是志向一致的革命同志之间。由于这层亲密的关系，使得彼此有了更多的理解和信任，感情也会与日俱增甚至情同手足。自古以来友情的故事层出不穷。其中最著名的有管仲与鲍叔牙、钟子期与俞伯牙的友情故事，此后的刘、关、张桃园三结义和水泊梁山108位好汉的聚义，都为人们津津乐道。他们甘苦与共，始终不离不弃，其中的纽带就是兄弟情谊，此种情谊仅次于父母亲情甚至高于兄弟手足之情。而近现代这种真诚的友情也是绵延不绝。很多伟人和名人之间的友谊佳话，并在民间广为流传。现仅举其中一二例。其一，孙中山与黄兴。二人于1905年7月在日本东京初次相遇，就一见如故。由于理想一致，意气相投，二人随即共同倡议成立了"中国同盟会"。此后二人紧密合作，为共同的革命理想一起奋斗。二人之间的亲密友情正如孙中山先生赠给黄兴的一副对联："安危他日终须仗，甘苦来时要共尝。"领袖人物这种崇高的革命情谊令人肃然起敬。其二，是深厚友情，来自一代画师徐悲鸿和齐白石，徐悲鸿深深赏识齐白石的绘画奇才，对他的画作给予极大的关注。1929年，徐悲鸿担任北平艺术学院院长后，多次亲往聘请当时已66岁的老画家齐白石，邀其担任该院教授。齐白石为徐悲鸿的真诚所感动，发出"三顾茅庐不能辞，何况雕虫老画师"的慨叹，欣然应允，出任北平艺术学院的教授，由于齐白石是雕花木匠出身，加之他反传统的教学方法，遭到了保守势力的诋毁和围攻。齐白石曾用一首诗形容自己当时被孤立的情状：少小为写山水照，自娱岂欲世人称；我法何辞万口骂，江南倾胆独徐君；谓我心手出怪异，鬼神使之非人能；最怜一口反万众，使我衰颜满汗淋。诗中突出了徐悲鸿的"一口反万众"以维护齐白石声誉的立场，表达出徐悲鸿、齐白石二人的深厚情谊（详见《中国通史·通史丁编》，上海人民出版社）。对于普通人来说，老战友、老同事、老同乡、老同学、老邻居相互间大多保持着亲密友情，时间越长，情谊越深。就拿笔者来说，过去中学和大学的同班老同学，健在的现分布在国内各省市，也有客居海外的，50多年来从未间断过联系，不是书信就是经常打电话互致问候，了解彼此的健康和生活近况，总是那样的惦记和关心着，见面时亲密感便会油然而生，兴奋异常。可以说，同学是除了兄弟姐妹亲情外，社会关系中最重要的友情。

三、人情

就是人间大爱之情。这是由亲情、友情再进一步延伸拓展而来，是人类社会最需要的共同情感，也是人类生存所必需。人们只有在各自岗位上热情投入、勤奋工作，才能紧密分工和协作，这实际上也就体现出人人为我、我为人人的人际之爱。也只有这样才能共创社会美好和谐的生活，这应是人们最崇尚和追求的。正如古希腊哲人苏格拉底所说："人们的天性有友爱的性情，他们彼此需要、彼此同情，为共同的利益而通力合作，由于他们都意识到这种情况，所以他们就有互相感激的心情。"①

早在2500多年前，孔子就倡导要"仁者爱人"。在现今社会里，这种人间之情，犹如春风化雨，滋润着人们的心田。诸如捐助贫困地区兴办教育事业的"希望工程"，扶助农村妇女脱贫的"爱心工程"，救助贫困地区的"博爱工程"，以及每年向受灾和贫困地区捐献衣物、钱款以及向残疾人提供援助等，这都是人间之爱的温馨体现。

2010年9月，各大媒体报道郭明义先进典型事迹。郭明义是辽宁鞍山人，1958年出生，在鞍钢集团铁矿工作。他20年来累计无偿献血6万毫升，相当于自身血量的10倍，并先后为"希望工程"、困难职工以及灾区群众捐款12万多元，资助贫困学生180多名，他自己却一直过着清贫的生活。

杨善洲，云南保山人，曾历任云南施甸区、县领导、保山地委书记，在地方工作30多年来。杨善洲艰苦朴素，两袖清风，贯彻执行党的路线方针和政策，发展粮食生产，推广科学种田，把深山大沟建成全国闻名的滇西粮仓而富裕一方。退休之后的杨善洲仍不闲待在家里，带领民众植树造林，用20多年，建成约5.6万亩的大亮山林场，使昔日荒山变成了绿洲。在他逝世的前一年，即2009年4月，将价值逾3亿

---

① 色诺芬：《回忆苏格拉底》，商务印书馆1984年版。

元的林场经营权无偿交给国家，中央赞其为党奉献一生，没为自己留下财产。他的感人事迹已有多家媒体广为报道。

被誉为平民英雄的司机吴斌，他的事迹也令人感动。2012年5月19日中午，吴斌正驾驶一辆满载乘客的大巴由无锡返回杭州的高速公路上，突然迎面飞来一块金属片高速穿透驾驶室前窗玻璃，重重地砸向吴斌的腹部和手臂。车载摄像头清晰地记载了当时一幕：吴斌为确保车上42名乘客的安全，忍着剧痛，拼命拉动刹把进行点刹，将车稳稳地停住，再拉上手刹，并开启双跳灯与打开车门疏散旅客，然后解开安全带，手捂着腹部艰难地站起来，招呼旅客注意安全，不要乱跑。随后，他自己重重地倒下了。乘客拨打120将他送往杭州医院急救，终因伤势过重去世。经医生检查，吴斌的右肝已完全破碎，左肝也有70%破裂。在这样的情况下，在3分钟内，吴斌完成了一系列的安全操作，然后才重重倒地。当时吴斌脑海中应是没有任何其他想法，只是本能地确保一车乘客的生命安全，这一本能的反应恰恰是人性中善的一面的真实体现。社会上这类见义勇为的事迹确是屡见不鲜的。

以上仅是人间大爱在个人身上的体现。而在社会群体中，这种大爱更是闪烁着灿烂的光辉。2008年上半年，在我国接连发生的两起特大自然灾害的救援过程中，就更能感受到这种人间的大爱之情，在社会群体中是何等的震撼人心。

2008年1月，我国南方14个省、市、县遭到百年一遇的特大冰雪灾害，造成了受灾地区陷入全面停电、停水、停运、断粮、断菜的危急状态。国家及时向有关部门发出紧急通知，要求全力保交通、保供电、保民生，同时国家领导人分赴灾区视察和慰问。此时一场全国的救援行动立即展开，数以百万计的军警和民兵预备役人员开赴抗灾第一线，国家也调拨大量物资并利用各种交通工具运往灾区，这时各地民众也纷纷踊跃捐献棉衣、棉被和钱款，不断地通过民政部门送到灾区民众手里。

河北唐山市玉田县东八里铺村村民宋志永，当得知南方数省市遭受了严重冰雪灾害时，随即想到30年前唐山大地震时全国人民支援唐山，自己也应支援南方灾区人民，于是他便联系同村的13名村民，筹集了30000多元，租了一辆面包车，并自带工具，在2月6日大年三十晚驾车赶赴湖南救灾。大年初三赶到了受灾最严重的郴州市，被当地抗灾指挥部编入一个由40余人组成的抗灾先锋队，帮当地重建几乎陷于瘫痪状态的电网，他们深入山区清理通往山顶电塔山路的积雪，并将准备替换的设备运上山，将损坏的设备背下来，就这样每天都起早贪黑，在冰天雪地里无怨无悔一连干了9天。当地政府为了感谢这13位不远千里而来的农民兄弟，赠予数万元慰问金，而领队宋志永却代表全队把钱全部转赠给当地贫困农户。

接着，2008年5月12日四川汶川发生特大地震灾害，大地震发生后，除国家紧急动员调派了14万名解放军武警公安战士和各种救援队、医疗队以及大量救灾物资外，全国各地人民群众开展了捐款、献血的救援行动。在捐献活动中出现了很多感人事例，现仅就北京眼前的见闻略举一二。和平里社区一位老大娘把手头积攒的5000元现金一次捐出后，转身又把家里的存折拿出来，要把所有的存款捐出，捐款处工作人员对这位老大妈说：您老捐的钱已很多了，存折上这点钱应留着安排好日常生活吧！在工作人员劝阻下才作罢。北京各高校大学生也纷纷到血站进行爱心献血，就连爱沙尼亚驻中国大使馆也带领外交官到采血站献血。根据央视直播：全国各省市不断有人自费奔赴四川当志愿者，为灾区人民服务，达20多万人，其中还有不少外籍人士。而临近灾区的很多农民把自家做好的饭菜，装在农用小车上，开到震区，送到灾民手中，还有的把自家园地的蔬菜水果统统送到灾区。有很多远道而来的志愿者，自驾私家车满载着食品、瓶装水、衣物，来到灾区，最远的甚至来自黑龙江。周边城市的出租车也不做生意了，经常开到灾区接送受伤人员。

　　这种感人至深的事例是举不胜举的。四川德阳市东汽中学教学楼坍塌。在地震发生的一瞬间，该校教导主任谭千秋双臂张开趴在课桌上，死死护着身下4名学生，4名学生终于获救了，谭老师却不幸遇难。在地震那一瞬间容不得任何思考，谭老师的人生选择在那一刹那完全出于善良的本性，这就是"人间自有真情在"和"患难见真情"所蕴含的真实内容，也是对"人性只是恶的"这一偏激观点的否定。当然，我们不否定而且也否定不了，人的本性中除有善性外，尚存有恶性的一面，这也是人的本性所固有，不管你主观上是否喜欢和承认，它都是不争的客观存在。重要的是，只有认识到人的恶性存在，方能有助于人们遏制"恶"，包括自我克制和社会的制约。

第 七 章

人性恶的根源及其行为表现

人性恶的根源正如荀子所说，是人的贪婪和占有欲。这是人的天性，为人类所独有。英国哲学家罗素就曾指出："人类与其他动物相区别的一个非常重要的方面便是人类有一些欲望，一些无穷的欲望，这些欲望绝不可能全部得到满足，人类即使在天堂也不会满足。蟒蛇一旦有了丰盛的一餐后便开始睡眠，除非到需要另一餐之时，否则它绝不会醒来。就人类绝大多数而言并非这样。"①

也许我们大多数人并不了解蟒蛇的习性，但我们可从城市中饲养的宠物犬来说事。不管主人如何宠爱他的犬，但犬的要求与人相比，则是微乎其微，更不用说农家犬了。而人的生活欲求却是越多越好，漫无止

---

① 罗素：《罗素道德哲学》，九州出版社 2004 年版。

境。老实说，人在有些方面应该向狗学习。比如狗的忠诚。人有时不可信赖，但对狗却尽管放心，因为狗能始终忠实地守候在主人的身边，当主人遇到危险时，狗会毫不犹豫地冲向前去护卫它的主人，而老人豢养的狗，也会始终陪伴在老人身边，耐得住寂寞，更不会嫌贫爱富而弃逃。所以，人在这些方面就应向狗学习。因为，狗的忠诚是始终如一的，但有些人有时就不是这样了！

对人的贪婪，民间有句俗语叫做"人心不足蛇吞象"，就是用来形容人的这种贪婪地占有。最近笔者在《作家文摘》上看到一篇精彩短文，其中有一段对人的贪欲描述得鲜明生动，颇有见地，现将这段文字抄录下来，与读者共享：

"贪欲是躁动的灵魂拉出的一张大网，力图将鱼虾一网打尽，将功名利禄悉数据为己有。贪欲发端于诱惑，以霸占为目的，而人在追逐的过程中往往罔顾法理，突破仁德。贪欲是一根绳索，一旦在人的心里生存，就会牢牢地套住人的脖子，人终其一生都无法挣脱它的牵引和纠缠——它有可能将人送上一般人难以企及的高度，但也极有可能将人活活勒死[①]。"

笔者对上文再作一点补充：一是人的贪欲是人的自身本性所滋生，并由社会生活的诱惑而引发；二是由于贪婪者的贪欲的无限性和个人能力的有限性的矛盾，就必然走上歪门邪道，不择手段地向他人和社会攫取，从而危害到他人和社会，也终将受到国家法纪的制裁。

这种贪占欲往往引发人不择手段地去侵害社会和他人，此时人的恶性也就显露无遗了。但在此也必须说明的是，人的占有欲和第六章所述

---

① 2017年11月21日《作家文摘》随笔"加法与减法"，作者安黎。

人的利己也同出于人的本能。只要这种占有的欲望并不损害他人的利益，则属于合理的范畴，也应该是人们的正常行为。如一个收藏爱好者，总希望收藏的精品越多越好，只要有可能，对其藏品没有满足的时候。但只要来路正当，收购的钱也全是自己的，并未损害他人，谁也不应非议。又如，人们都愿过上美好舒适的生活，尽管人们食要精美，衣要华贵，住房要大，车子要大，钞票要多。但只要是靠勤劳合法所得，完全用个人的钱来进行消费，谁也无权干预和指责。

因而，人恶与不恶这其中就存在一个"度"的界限。犹如物理的"临界"点一样，过了此点事物就会发生质的变化。在人性善、恶行为上就是一个"度"，而衡量过不过度的标准就是看其行为是否损人利己。若只是利己并不损人，则当属个人寻常自利行为，是人的本能，就谈不上什么恶；但只要损人来利己则无论大小均是恶性行为。所以，人在任何事情上均不可欲求无止境，刻意过度追求，否则，就会伸手向他人和社会捞取而走上违法犯罪之路。

所以，由人的本性欲求而引发的人的恶性行为，有一个量变到质变的过程，这其中的临界点就是损不损害他人和社会的问题。

总之，人的恶性只有在个人不能自律而任性放纵却又不受法纪及时约束和遏制下，才会由人的贪婪欲望引发出恶的行为。由于人的这种无穷的贪占欲望而生发的罪恶从古至今绵延不绝，令人触目惊心。从原始部落的争夺抢掠到文明社会的侵略战争，直到现今一些国家的霸权行径；从历史上唯利是图的贪官污吏到现今社会不择手段谋取个人各种私利的各色人等，所有这些无一不是人类贪占欲的恶性放纵所致。

在我们现实生活中，一些人在追求权力、金钱、色情这三个方面，其恶行表现最为突出，且三者又是彼此纵容，相互渗透。

一、对权力地位的追逐

权力和地位本是治国理政条件下的产物。其本身并无善、恶可言。但人们拥有了地位、权力后,由于目的不同其自身行为的善、恶亦就泾渭分明了。其"分水岭"就在于:是权为公用还是权为私谋。权为公用则为清官或称之谓民之公仆;若以权谋私,则必为贪官污吏。前者当然是善性之士,后者无疑是恶性之徒!

本章就是揭示那些为了满足自身不断膨胀的私欲和野心而不择手段来追逐权位的人。因为,对这些人来讲,权力和地位,无疑是他们向社会和他人攫取的最好工具。并可颐指气使,凌驾于人,过上人上人的生活。所以,千古以来,一些大官小吏们为了争夺并保住个人的地位和权力,所用手段之阴险,斗争之残酷,真是触目惊心!春秋战国时期,为了争夺君权,往往酿成父杀子、子弑父、兄弟相互残杀的局面,人的恶性在权力的争夺中膨胀,达到了丧心病狂的程度。还有一些做大臣的,为了自己的乌纱帽,什么龌龊罪恶的勾当都能干得出来。春秋鲁隐公时,大夫公子翚就是一个奸诈邪恶的典型。鲁隐公(息姑)的父亲鲁惠公,其元妃孟氏早逝,宠姜仲子立为继室,生子名子轨,惠公欲立为继承人。而当年的息姑是另一妾声子所生,年长于轨。待惠公死后,群臣以息姑年长,拥立为君,是为隐公。但隐公遵守先父惠公的遗愿,坚持声称,因弟年幼,只是替代摄政。大夫公子翚由于兵权在握,在朝横行无忌,后来竟发展到无耻地向隐公索要宰相的官职,隐公回复说,待其弟弟子轨接替君位后,你自行向他请求吧。公子翚反倒怀疑鲁君是因忌妒子轨而故意这样说。于是进宫密见隐公,陈述说:"臣闻利器入手,不可假人,现已嗣爵于君,今当即传给子孙,为何要居摄政名?今子轨年长，恐将不利于主，臣请杀之，为主公除此隐祸，何如？"隐公闻听后，捂着耳朵说："你是不是痴狂了，怎么这样胡言乱语，我已在菟裘建造了宫室，为养老计，不日将传位于轨。"公子翚无言而退，自悔失言，但又恐鲁君将密语告于子轨，待子轨接位后，自己必当治罪。所以，又连夜往见子轨，反说："主公见你年齿渐长，恐来争他的君位。今召我入宫，密嘱我要加害于你。"子轨听后，非常害怕，就问公子翚怎么办好，公子翚说："他无仁，我无义。公子欲要免祸，非行大事不可。"接着便向子轨设定计谋说："鲁君每年冬天都要到城外神庙中祭祀，奉祭时必在安大夫家居住，我预派武士充作杂役混入其间，待鲁君熟睡后，即刺杀之。"子轨感谢地说："大事若成，当以太宰相屈。"后公子翚如计而行，将隐公刺杀，并嫁祸于安大夫，讨伐安氏，尽杀安氏家人来加以遮掩。子轨接位，是为桓公，公子翚当然也就如愿以偿地当上鲁国的宰相（详见《左传》和《东周列国志》）。

而现今，一些人也是为稳固自己的地位和权力在政坛上所干出的那些卑鄙事，并不比他们的祖先有丝毫逊色。这可拿当今的康生作为一个典型代表，对他的一生作一透视，便可清晰地看到人在官场中权力欲背后所呈现的罪恶。康生生前曾攀上中共中央政治局常委高位，是党的最高领导人之一。在他一生的政治生涯中，为了牢牢地保住头上的乌纱帽，其独妙的手法就是专门关注和揣度最高领袖的动向和意图并用尽心思来投其所好，这样就可以像藤蔓紧紧缠绕在大树树干一样稳固自己的权势和地位。早在1939年延安时期，身为中央社会部和情报部部长的康生在所谓肃反"抢救运动"中，不是采取严肃认真态度，而是为了巩固自己的地位，采用大胆怀疑、捕风捉影、无中生有的卑劣手法来抓汉奸和特务，有时还亲临现场，对审查对象进行威逼利诱，从而制造了大量的冤假错案，用这样的"业绩"来证明他对最高领袖的忠心和才干。1958年全国"大跃进"时，主动跟风最紧的人也要算康生。那时他在全国到处乱窜，大肆鼓吹，胡言乱语，说什么"大跃进简直创造了世界奇迹"。鼓吹"科学不过是不顾一切的行动"。"只要不顾一切地去做，就能很快获得成功。"因而社会上便流传着"人有多大胆，地有多大产"的谬论！当"大跃进"给国家带来严重灾难时，他如缩头乌龟一样，好像什么事也没有发生，而深藏在北京旧古楼大街小石桥胡同24号的深宅大院内。据了解该处是过去清朝大臣盛宣怀的府第，此大宅院共有39间房、2个餐厅，并有花园、喷泉、走廊等，享受着他那怡然自得极其优裕的生活。而普通百姓却为此付出极其惨痛的代价！此后康生变本加厉跟风害人。

　　1959年在庐山会议上，彭德怀鉴于毛泽东对三年"大跃进"给国民经济造成严重破坏和人民生活极端困难的错误政策，没有清醒的认识，更没有彻底改正的决心，故在会议期间上书毛泽东进行直谏，这下却惹恼了毛泽东。根据赵丰著的《三面红旗风云录》记载：毛泽东随即将彭德怀的上书印发与会人员，并在封面上提写了彭德怀同志的意见书的标题，并批示印发各同志参考。当时一部分与会者在两种对立意见争论中保持着中立。他们对彭德怀的信基本肯定，认为信中反映了当前存在的实际问题，只是有些提法不恰当，说得过重一些，但不应上纲上线到反党性质上。而在延安整人出名的康生却认为跟风的时机已到，不能放过，便开始大造舆论说："彭德怀的信是反毛主席的。彭德怀有魏延（三国时蜀国的一名大将——引者注）的反骨，是搞分裂，组织'章罗同盟'，再不反击人都被彭德怀拉走了。"由此可见，康生为了紧抱大树好往上爬，跟风奉迎所显露出的一副整人的凶狠嘴脸。

1966年"文革"初期,当北京大学聂元梓大字报贴出后的第二天,5月26日康生曾与北京市委主持文教工作的郭影秋谈话。康生说:"我对聂元梓这个人的印象不好。"又说:"聂元梓作为党委委员、总支书记,贴大字报相当恶劣。他们这样一搞,群众糊里糊涂跟上来,外校也跟上来,就乱了。"愤然之情,溢于言表。但当毛泽东明确表示了对聂元梓大字报的肯定后,又随即向郭影秋改口说:"6月1日下午4点,我接到通知(指要广播聂元梓大字报),我感到聂元梓同志解放了,我也感到解放了,因为我当时是支持这张大字报的,我们也受到了压力。"其玩弄两面的手法真是驾轻就熟(详见《郭影秋自传》"文革"部分)。在他当上中央文革小组顾问后,更是充当了急先锋的角色,他到处煽风点火,唯恐天下不乱,鼓动不明真相的群众起来造反。在整个"文革"期间真是要尽阴谋诡计,犹如疯狗一样到处乱咬,今天说这个是特务,明天说那个是叛徒。在打倒"四人帮"后,根据党中央指示把1978年9~12月揭发康生的材料和中央组织部、中央联络部所提供的材料——康生点名诬陷、迫害的人,按姓名、职务、点名时间和场合以及所加的罪名,整理出一份名单,铅印成册,报给了中共中央。根据这个材料揭露了在"文革"中被康生点名诬陷的共有603人,其中大多数是老干部和社会知名人士(详见《星岛日报》·F版·今古奇观)。弄得多少人家破人亡,妻离子散,从上述康生一贯言行可见他已把人的恶性膨胀表露得淋漓尽致。就像俗语形容坏人那样,康生真是个一坏到底,十足的恶人,其之所以如此,追其根由就是对权力和地位的强烈的占有欲。为了保住头上的乌纱帽,什么样伤天害理的事都能干出来,因为只要保住了官位,握牢了权力,也就是保住了他所拥有的一切。

以上,仅举了古今两个典型恶人的例子,就可充分说明人对权力和地位的占有欲表现得是多么阴险和歹毒！若是体现在一个领导人身上，其拥有的权力越大则祸害越深，这已是早就被过往历史所证明的事实。

二、对金钱的追求

金钱，可说是人见人爱。为什么它有那么大的诱惑力，引起人们那样的强烈欲求？这可先从经济学角度来看：金钱（货币）可作为衡量商品价值的尺度，并在流通领域充当交换媒介和行使支付的职能，同时它也有储藏的功能，以备他时根据自己的愿望和需要来使用。所以有了金钱你就可以任意购买你所想要的，包括物质和精神生活的需要。由于金钱具有这么多的优越功效，自然也就成了人世间的宠物，因为你只要有了钱，你就将会拥有一切。虽说金钱不是万能的，但正如俗语所说"人若没有钱却是万万不能的"。因而，对金钱的追求亦成了人们心中的强烈愿望。这在我们日常生活中也就随处可见。如人们在过春节时见面最好的祝福就是"恭喜发财！"而中国的财神爷也是最受百姓欢迎的神灵。然而这些都是人们的一厢情愿。要想发财致富还得靠自身的勤劳，天上不会自动掉下馅饼。当然人们梦想发财的通常心理状态，也谈不上什么善、恶。所以，人们对金钱的渴望和追求只要来源正当也是无可非议的。正如孔子所说"君子爱财，取之有道"即可。再说，金钱本身是中性的，无所谓善、恶。但在来源和使用上却是善、恶分明。有的人拥有金钱除维持自身生活外，更能造福他人，造福社会，这就是善人，善举；但若来源不正，并用金钱来祸害他人，祸害社会，干尽伤天害理之事，那他就是一个十足的恶人，恶行。

本节则是专指一些人对金钱无限的追求和恶性索取来满足个人私欲，而这种索取也是永不满足的。对此，英国哲学家罗素先生就曾说：

"无论你获得多少财富,你总希望得到更多;满足是一个老是躲着你的美丽梦想,你是不会满足的。"① 所以,一些人规避了社会有效制约,竭尽自身具有的能量对金钱进行恶性攫取。有权的利用手中握有的权力,通过各种方式和手法来大肆捞取钱财,生意人则利用各种手段,甚至用假冒伪劣等坑蒙骗人的手段来大发横财。这也是自古以来一脉相承的。

清乾隆时期,官至一品的大臣和珅就是一个贪得无厌的大蛀虫!在其20多年的官场生涯中,共贪得现银、珍宝、古玩和房地产总值约合7万万两银子,大约年均敛财3500万两,据《清史稿》记载,当时清朝全国财政年收入不过4000万两,而和珅一人所贪污的钱财总额,就为当时年财政收入的17.5倍之多。其贪欲之心,深难见底,当时曾有"和珅跌倒,嘉庆吃饱"之说。

民国时期,国民党官僚阶层可以说是贪污成风,那时贪污却是正常的,不贪污倒是反常的。主要原因还是"上梁不正下梁歪"、上行下效。当时国民党上层的蒋、宋、孔、陈四大家族凭借政权的掌控大肆攫取国家资财,聚集起庞大的上层财富集团;中层的各级官僚则无孔不入搜刮民脂民膏而自肥;下层的县、乡、镇官员则是竭尽敲、诈、勒、索之能事来抢夺民财,以致广大民众穷困潦倒、民不聊生。由于这种巧取豪夺的腐败之风,民心丧失殆尽,国民党在大陆的垮台和政权的丢失,已是意料之中,不可避免的事。

而现今,在我们社会主义市场经济中,也同样有道德败坏的大小官员和社会上的不法分子,他们黑下心来捞取钱财,直至伤天害理。请看:

一些大、小官员趁国家经济转型实行计划和市场经济双轨制之机,

---

① 罗素:《罗素道德哲学》,九州出版社2004年版。

利用手中握有的权力向有关生产部门打招呼、批条子为其子女用计划低价套购石油化工、钢材等产品再转手按市场高价出售来赚取巨额差价，而成暴发户。

一些国企干部也趁国企改制之机，使用各种欺骗手段化公为私，盗取国有资产而发横财。

一些地产开发商通过各种途径与地方政府有关部门结成利益共同体，违规以很低价格从农民手里买进大片土地使用权，进行房地产开发而大发横财。

一些政府业务主管个人或集体为了中饱私囊，对国家一些民心工程项目采取层层转包方式从中克扣国家的工程款，这样传到最下家，工程款已所剩无几，这时施工单位为了不赔钱，则采取偷工减料来应对，以致造成一批"豆腐渣"工程，给国家和人民带来极大损失和危害。

一些私营小煤窑老板，不管农民工的死活，黑下心来大捞钱财，他们让农民工在极其简陋和缺乏安全生产保障的条件下，日夜不停地开采煤层，往往引起井下瓦斯爆炸，造成众多农民工兄弟死亡。如2007年12月5日发生的山西洪洞"12·5"特大矿难事故中，造成井下105名矿工悲惨死亡。

一些地方的黑砖窑厂，通过黑中介骗绑劳工来厂，老板则用强暴手段令其每天干活12～15个小时，还过着不如猪狗的生活，想跑就会挨打砖砸。如广东惠州仲恺区一个黑砖窑就是这一类的典型。

一些建筑包工头利用各种卑鄙恶劣的手法来盘剥手下民工。甚至有的农民工辛苦劳累了一年，却拿不到一分钱的工资。

一些制造冰毒、贩运鸦片、海洛因和推销毒品的人，为了大发横财，不惜使别人陷入倾家荡产、家败人亡的绝境。这些人已经是丧尽天良的恶魔了。

一些电信诈骗团伙，利用电话诈骗作案，把一些妇女和老人一生的积蓄骗光诈尽。

一些冒充名医的骗子忽悠患者贩卖假药来骗取病人的钱财。

一些私人中医院利用虚假广告来欺骗患者，吹嘘他们的药方一吃就好，一治就灵，对疑难杂症可迅速见效。结果发现个别诊所开给失眠患者的中药方里暗地加进了安眠药，而疼痛患者则加进了止痛药，用这样恶劣的手法来愚弄患者。甚至一些厂商竟制造假药来坑害民众的健康，甚至危及人的生命，这简直就是在谋财害命。

一些团伙大肆拐卖妇女儿童。更有甚者竟利用职务之便贩卖婴儿。如2013年陕西富平妇产医院主任大夫张淑侠，为了骗卖新生婴儿，竟对产妇进行恐吓性蒙骗，谎称产出的婴儿是畸形，或称婴儿的大脑已被病毒感染将会成为痴呆儿等来劝其父母放弃新生儿，用卑鄙手法从事贩卖新生儿的勾当。这对亲生父母是何等的伤害和残忍，这样恶行也泯灭了人的良知，突破了作为救死扶伤医护人员的道德底线。

一些利欲熏心的私企老板和不法商人制假售假，诸如，制造假酒、假烟、制售病死禽、注水猪肉、活鸡加注重晶石粉、用工业明胶包裹食品、药品的毒胶囊以及牛马皮熬阿胶、陈米抛光充好米，净米掺沙子、煤掺石子、工业醋冒充食用醋等，给消费者带来巨大伤害。

就连一些为人师表的大学教授竟然也是见钱眼开，黑下心来侵吞国家拨给的科研经费。据2014年10月10日中央纪委监察部网站公布："审计署2012年审记发现了5所大学7名教授弄虚作假套取国家科技重大专项资金2500多万元。"其中涉及中国农大教授李宁，浙江大学的陈英旭，北京中医药大学的李澎涛、王新月，北京邮电大学的宋茂强、邱华，中国人民大学的潘绥铭七人，被依法批捕。这些人身为高级知识分子，也不知"无耻"二字是何意了。现时这种追逐金钱的丑恶心态在一些中、小学教师身上也有所反映。2017年6月12日就传出了这样一种信息，谈到"师腐"问题：有少数老师在课堂上故意不讲主要内容和关键词语，而在给学生补课时才讲授，这样家长不得不掏钱为孩子上补习班。这种做法已突破了为人师表的道德底线，令神圣的教育职业蒙羞！

从以上"一些"所暴露的事例，便是人对金钱贪婪占有各种丑恶的行径，他们的恶行真是文明社会的耻辱！

最后，再专门谈谈现时社会不断出现的一批大大小小的贪官。其中不乏握有重权的高官。如政治局原常委周永康；中央军委原副主席徐才厚；全国政协原副主席苏荣；总后勤部原副部长谷俊山；国资委原主任蒋洁敏；四川省原副书记李春城；山西省委原常委，太原市委书记陈川平；广东省委原常委，广州市委原书记万庆良；公安部原副部长李东生等。他们凭借地位和权势进行贪赃枉法，直至谋财害命！而他们中有些人的夫人及子女依仗家族权势收受贿赂大肆敛财，不少人还将巨额赃款转移海外，以逃避惩处。而有些高官则早已将亲属子女移居海外，成为裸官，准备了退路。一旦事发即抽身逃跑。我们不禁联想到他们所作所为和旧社会大地主和官僚垄断资本家曾经犯下的罪恶，本质上又有什么区别？而今这些贪官却还顶着共产党员的帽子，披着"为人民服务"的外衣来忽悠，这是败坏党在群众心目中好形象的最恶劣行径，因而更激起民众的愤恨！且这些人也并非缺钱，他们的物质生活已非常高档化了。用老百姓的话说就是享受不尽的荣华富贵，但还是不断伸手到处抓钱。可见这些人对金钱的贪婪、占有，到了何等卑劣的地步！

在结束论述人对金钱欲望的恶性追求时，我们不妨花点时间来探讨一下，人们在后天社会生活中，应如何正确对待财富的聚散问题。人对物质财富的追求，应是人的本性使然，但在追求的方式和手段上就有正义和非正义之分。非正义的敛财正如本文上节所讲，其结果十有八九会落得人财两空，而且还会背上一身骂名。就是对钱财取之有道的君子来讲，在他们的经营活动中，也不能只顾自己的私利。有理性的人在考虑自己利益的同时，也一定兼顾到别人的利益，同时更会顾及社会利益。这样做自己不但不吃亏，反而有助于自己的事业发展壮大。因为只有这样才能聚集人脉，得到社会的赞誉和支持，生意也会越做越好。2011年5月2日，美国《星岛日报》登载了中国台湾严长寿在湾区矽谷演讲的一则报道。严长寿是中国台湾亚都大饭店的总裁，他从一个找不到工作的高中生变身为美国运通中国台湾区总经理，并把一个规模较小的亚都大饭店打造成世界杰出旅馆。他的成功经验就是对事业一贯的热忱和对社会的关怀。严长寿说，在贫富差距越拉越大之时，需要有一个机制，让富人用谦卑的心情把财富转化成关怀社会的力量，不然社会就会发生危机。

他说，每个人都有着生命不可承受之重却不为人知的一面，如果我们能够更温柔地看待对方，就会更愿意把资源与人分享。严长寿对财富的聚散理解得深刻，事实也确实如此。只有将个人包括国家的财富不断进行聚散，才能使社会贫富差距缩小而有利于社会的和谐。若是财富只不断向少数人手里聚集或政府积累过多过大，就会使社会贫富差距越拉越大，若始终得不到缓解，甚至会导致社会动乱而影响国家的稳定。

2500多年前，孔子就已说过："有国有家者，不患寡而患不均，不患贫而患不安。盖均无贫，和无寡，安无倾。"（《论语·季氏篇》）这就清楚地说明，贫富不均有多么大的危害，只有消除贫富差距，国家才能和顺不倾！再者，人的生命总是有限的，对那些拥有一生也用不完的财富的富豪来说，最好在生前不断向社会捐助。正如《红楼梦》"好了歌"所唱："世人都晓神仙好，只有金银忘不了，终朝只恨聚无多，及到多时眼闭了！"民间有段顺口溜："攒下黄金积北斗，临死不带分文走；争名夺利几十年，一阵轻烟化作尘。"事情也确实如此，人死后，一分一毫也带不走。也许有人会说，死后自己虽然带不走金钱和财物，但还可以留给子孙享用。笔者认为，这是缺乏智慧的短见，这样做对子孙并没有什么益处。其一，依靠遗产会大大削弱他们自力更生、奋发图强的意志；其二，依靠遗产过活也可能养成贪图安逸享受，不求上进而成为平庸之辈！所以，家长只要将子女健康地抚养成人，并给予良好教育，即所谓"父母养育之恩"，也就尽了长辈应尽的责任。以后的生活应让他们自己从头去闯。因此，凡具有理智的人，在聚财的同时，也在不断地散财。财产聚散的过程也体现了一个人对人生价值的体现。现今社会有慈善和捐助意识的企业家也不在少数，他们实际上是在以实际行动诠释"达则兼济天下"的现实含义。

2010年4月，福建耀华玻璃集团董事长曹德旺先生在"情系玉树，大爱无疆"抗震救灾大型募捐活动中，以个人名义捐款1亿元，成为当时捐款最多的个人。2010年5月，父子两人又以个人名义通过中国扶贫基金会向云南、广西、贵州、重庆、四川五地贫困家庭捐赠善款2亿元，创下国内一次性个人捐赠最高纪录。据中央电视台报道，截至2012年，曹德旺先生已累计向社会捐款达60亿元之多，成为中国首善。2012年，曹德旺先生在安排好个人和家庭生活的情况下，干脆将其公司价值36亿元的全部股份捐献给了国家作为慈善基金。

中国香港的李嘉诚、邵逸夫等知名人士也都不断地向内地文教、卫生和贫困地区捐助了大量资金，特别是对文教事业做出了很大贡献。又如美国石油大亨洛克菲勒家族，他们连续几代人都是将其家产的一半捐献给了社会的慈善和教育事业。相对于这种人间大爱的慷慨之举，对那些贪得无厌的贪腐者来说，岂不感到羞愧吗？当然，也有极少数人利用公开捐赠的手法，沽名钓誉来遮掩其向社会攫取的恶罪勾当，则就应归于奸诈狡猾的歹徒之列了！

三、对美色的追求

性欲原本是人的正常生理所需，只要这种欲求符合伦理和国家法律就是完全正当的。如夫妻之间的性爱不仅不是恶，还是相互之间爱和情感最直接的表达方式，更是人类繁衍后代所必需，可以说是人的最大善行。战国时告子就曾说过"食、色性也"。也就是饮食和性欲都是人的天性，只要合乎情理与德行就无可非议。正如古希腊哲人苏格拉底所要求："那些不能坚决控制色欲的人应该把这类欲望的满足只限于在身体迫切需要的情况下心灵予以同意，而且这种需要也不致引起损害的时候。"① 笔者在这一节里专门讲述那些在性欲上不能自制而放纵的恶性行为。古时封建帝王凭借封建特权拥有三宫六院七十二妃，但仍不满足，每年还强行在民间挑选民女替补。皇帝外出所到之处，可随心所欲占有女人。京剧不是有一出"游龙戏凤"吗？皇帝下江南在一个小酒坊里看上了卖酒的村姑，百般挑逗并冠冕堂皇地据为己有，编剧者还美其名为"游龙戏凤"。这种对特权阶层的屈服或崇拜心理也都在有意无

---

① 色诺芬：《回忆苏格拉底》，商务印书馆2009年版。

意间为后世的价值取向埋下了伏笔。民国时期，笔者在家乡宣城读初中时，当时的安徽省省长李品仙来宣城"视察"，县政府招待其晚间看京剧，李品仙在观剧时相中了一名年轻的旦角女演员，当晚散戏后就叫班主将该女送到下榻处供其玩弄，第二天花边新闻也就到处传开了。这种恶性的占有后来也不乏其人，其中包括某些人物，而且其卑鄙无耻程度是有过之而无不及。现代社会，人在色情欲上还具有时代特色，即反映在一些贪官和一些所谓大款们包"二奶"上。还有在现时演视界中，有些导演对女主角的选任，还有一条潜规则，就是要该演员满足他的性需求，真是可恶至极。所有这些都表明人在情欲占有上往往显现出恶性，而在色情欲中，更为恶劣的还要算强暴、性侵，这是一种极大的罪恶行径。也必须揭露而加以严惩。现举一例就足以让人触目惊心！

河南洛阳警方破获一起发生在地下4米处的案件。一名34岁转业的消防兵李浩在长达两年，瞒着妻子秘密在外购置一处地下室，耗时一年开挖地窖并将6名女子先后诱骗至此囚禁为性奴。最近，该案因一女子的举报电话而告破。洛阳警方从地窖中成功解救出4名女子，同时找到两具被虐待致死的女尸。

像这种恶性性侵事例，只要稍加留意新闻媒体，便随手可得。无论是在中国还是在外国，性侵均具有普遍性。其在色情欲上表现出的歹毒和残忍同样都会发生。因为人类的恶性并无任何差异，所谓"天下乌鸦一般黑"，外国人并不比中国人丝毫逊色，甚至有过之而无不及！最近《环球时报》转载了英国的《卫报》《星期日邮报》《星期日泰晤士报》等多家新闻媒体揭露出美国广播公司（BBC）著名电视节目主持人，去世不久的吉米·萨维尔（英国人）性侵"超级丑闻"。吉米最早是1959年，最近是2006年曾先后性侵未成年的女孩达60人之多，其中多数还是女童。而在20世纪70~80年代，在他担任英国精神病医院布罗德摩尔医院志愿者时就曾强奸多名女精神病人，与此同时，还对生病和身体虚弱的孩子进行猥亵，连残疾和失去知觉的人都不放过。这位英国电视娱乐行业的领军人物于1990年还被英国女王伊丽莎白二世授予爵士勋衔，其外表应是道貌岸然、彬彬有礼的大绅士了，然而其内心却是肮脏透顶的卑鄙小人，现被英国民众视之为"污水坑"。现在已初步查明被性侵受害者已达300人之多，是一个十足的强奸罪犯！（详见《环球时报·16版·要闻》）又如，2012年12月16日发生在印度首都新德里"黑公交轮奸案"就曾引发印度公众强烈的愤慨！一位26岁的女大学生在公交车上遭受6名歹徒轮奸和毒打，最后被抛出车外，使女子身受重伤，经医院抢救无效于29日悲惨死去！还有2015年3月15日央视新闻另一则报道：印度4名歹徒竟丧心病狂地轮奸了已达72岁高龄的修女！从这些事件中不难看出人的恶性在性侵上有多么歹毒！

可见，人在色情欲上若不能自律或不受法纪的制约，其恶性便会乘机而发，不管他是在什么样的文明社会，什么样的人种或什么样的人物全都会暴露出丑恶凶狠的原形。所以，人对异性的强烈占有，是最能反映出人的动物性和人的恶性一面。其恶性发作的频率远超出人对地位、权力和金钱的追求！

从本章所列举的恶性事例来看，人的贪婪占有欲最主要是表现在权、钱、色这三个方面。虽然这三者对人类来说是不可或缺的，但对于"度"的把握是一个人善与恶的界限。过度的贪婪必然驱使人性中恶的因素释放而危害社会。贪婪的人犹如飞蛾扑火，纵然会被烧为灰烬，也难抵亮光的诱惑，硬是前仆后继不停地往上撞。正如一位贪官在供词中所说："权我所欲，金钱亦我所欲，美色亦我所欲。有权就有了金钱、美女。权越大，金钱越多。我之求官、求财、求色，意志坚如铁。"①可见，权、钱、色，对于品德低下不能自律的人，确是最主要的诱因。

由此，可以得出这样的结论：人的诸多恶行其根源均是由人的欲望本性放纵所致，并非是哪个阶级或阶层的人所特有。因为事实上每个阶级或阶层中的人都有善与恶，好人与坏人的存在，这也为过往的历史事实所印证。

当然，由于每个阶级或阶层其教育、法纪和所追求目标的不同，其发生的坏人、坏事的频率和数量是存在着很大差异的，且其处置也迥然不同，但绝不能说某个阶级或阶层就是产生坏人、坏事的载体，而某个阶级或阶层就绝不可能产生。就像斯大林所说的那样："共产党员是特殊材料制成的。"只能是最好，岂能变坏？若果真是这样的话，那么现今的中国执政的共产党，就无须大力开展反腐倡廉工作，而且还要"永远在路上"，这不就很能说明问题了吗？

通过本篇大量人的善、恶行为事例，应可印证人的"情欲"本性潜藏着善、恶的因素，否则，后天社会也不可能生发出人的善、恶行为。因为任何事物都存在一定的因果关系，不能只有果，没有因，犹如树若无根，水若无源，那么这个世界就根本不会有森林和河流的出现。有的学者提出：人性在后天已经完全社会化了。这话本身并没错，但这只能说明人的本性在后天被社会人文化所熏育和塑造，并不能说明人的原有本性就根本不存在。笔者将在第三篇对人的先天性和后天性两者关系予以详细的阐述。

---

① 王璋：《权·钱·色——三权交易轨迹与防控探究》，中国方正出版社2011年版，编著者王璋曾任河南省郑州市纪委书记。

第 八 章

人的后天性趋向善

虽然人的先天性是善、恶兼具的，但在后天，人性总是趋向善的。第六章、第七章所举的善、恶事例，只是用来证明人的本性善、恶因素兼具这一客观事实，以及究竟后天社会中哪些方面最能引发人们善、恶行为的发生。但这并不表明世上好人和坏人对等，善行和恶为旗鼓相当，平分秋色。社会现实也并非如此，因为社会上毕竟好人好事还是占绝大多数，坏人坏事终究是少数。这是由于人的内因和外因相互作用的结果。

从内因来讲，人的天性中原本就有"人爱"，即善的因素，出生后即在群体中生活，除了与人亲善之外，最重要的还在于自身生存的需要，就必须求助于社会集体。这是由于个人需求的多样性和自身作为的有限性矛盾所决定。因此只有在共同体中才有可能运用个人能力来满足自身所需，同时个人的才华也才能在集体中得以施展和发挥。这是承继和发扬人性善的关键，具体来说，人在后天为了自身和家人获得最低生活保障并进而希望还能过上一个更加安定、富裕幸福的生活，这就需要先学习并向他人求教，以提高才智和技能。参与群体工作，服务于社会和他人，同时也获取自身的利益，这是一个自然的从关心个人利益向关心群体利益过渡的过程。因为个人利益包含在群体利益之中，即只有集体利益得到巩固和发展，个人利益才会得到切实保障，否则"皮之不存，毛将焉附"。所以人在社会集体生活中只有彼此相互依存，分工协作，人们才能获取生活所需，也才能有个和谐安定的社会生活环境。这就促进了人与人之间的凝聚力，愿意与他人友善相处。同时，由于人在后天大多是接受正面的品德教育，而生活实践也使人认识到帮助别人是高尚光荣的，损人利己是卑劣可耻的，而起到对个人恶念的克制作用。

　　再从外因来说，人出生来到这个世界，面对的是自然和社会环境。为了应对自然环境，人们就必须群策群力共同应对，从而产生了人与人之间的合作和友善。就社会环境而言，为了满足人们的物质生活需要，就得将人们组织起来从事劳动生产，这就需制定出一套科学的管理制度和生产劳动守则，规范和约束人们的生产行为，以维持一个正常的生产秩序。同时，为了提高人们的精神文明，又需不断对人进行品德教化，并制定出各种礼节和法律、法规来规范和约束人们的社会行为，以维护一个良好的社会秩序，营造出一个安定、和谐的社会。这样，就会使人的善性得以发扬和升华，而使人的恶性得到应有的遏制。这是为了个人（家庭）自身利益，同时也是为了群体利益和幸福。

　　这就是人们在后天社会释放出善性的主要因素。所以，人的后天善性实际上是由人们在生产和服务的过程中所发生的人与人之间的关系所左右。是社会群体生活内在需求而决定了人的后天性总是趋向善的。

我们可以从人性角度再作进一步分析：因人是不能持久脱离社会群众而能独自生存。无论你是漂流荒岛也好，或是隐居、出家当和尚也罢，均脱离不了群体生活的客观安排。只能是人人为我，我为人人。这是利他也利己的行为，更是因利己而利他。且在行为的目的和效果上利他又往往远于利己。更何况科研工作者的创造发明曾为国家、社会和大众做出了巨大贡献，有的立下了不朽的功勋，而达到至善！

试想，人们若反其道而行之，个个都是只顾自己不顾他人更进而侵害他人，任其恶性发展，祸水横流，那么这个社会剩下的只有相互猜忌、仇视、虐待、残害。结果，你既是施恶者，同样也会成为被害者。照此循环往复，人人都将活不好，最终也都将活不下去。然而，现实社会也并非如此。

请看我国今日之社会：有多少农民在田间地头辛勤劳作，默默耕耘；多少流通领域的从业人员，为了物资的畅流和人员的交往、旅行等坚守在各自的岗位上；多少工人用他们勤劳双手和智力制造出丰富多样的精美产品；多少教育工作者孜孜不倦地教书育人，源源不断地培养出大批优秀人才；多少科研人员夜以继日用智慧和勤劳进行科技攻关，使科技水平日新月异，在不断地改变着这个世界；多少医护人员为大众的健康做出奉献；多少地质勘查人员跋山涉水，在原野、山地、海洋，更在戈壁滩寻找各种宝藏而造福人类；我们的军队和公安武警战士更是日夜坚守在各自岗位上，为保卫祖国和人民的幸福和安宁，奉献青春，甚至生命！他们都是可敬可爱的善良群体，是人间大爱的具体体现！

但是在这里也必须郑重说明：虽然人的后天趋向善性。然而不可忽视引发人性恶行的因素，同样也是始终存在的。因而，社会上就会不断产生盗窃、欺诈和各类刑事犯罪分子。这些恶人所犯的罪行无不让人触目惊心。这也是现今社会不争的事实。对此，不可放松警惕，也须严肃整治和不断打击。

　　总之，后天社会要不断加强和完善对人的品德教育，使人的善性得到巩固和升华！同时对人的恶性的遏制一刻也不能放松，对恶人恶行就要用法纪手段严加管束和惩治。否则，就会对社会和他人造成严重的危害。所以，扬善抑恶应是人类必须永恒坚持的使命！

第三篇

人性后天的可塑性和导向

第 九 章

人的先天性与后天性

要明白人性善、恶根源和人的社会行为的关系，人性的可塑性和导向的特性，就必须先弄清人的自然属性和社会属性，以及由此而生发的先天性和后天性的关系和区别。

人的先天性是人与生俱来的固有生理机能，人的全部情感和欲望。诸如欲望、同情、怜悯、恐惧、愉悦、爱、恨、恶（嫌恶）和食色等欲求，这都是人的先天所具有，是人的生理机能和心（脑）活动的自然属性，而绝非后天所生成。可是现今，将人的自然属性和社会属性以及人的先天性和后天性混为一谈的却大有人在。如北京大学伦理学者王海明教授，就明确地说："……人可以生而固有社会本性是不奇怪的。因为人是社会动物，当然不仅生而固有自然属性，而且生而固有社会属性。同情心等社会本性是人生而固有的东西，显然意味着：人生而固有的本性并不都是人的自然本性，而同样可能是社会本性。"

他的论据是依达尔文的一句论说，即"同情心构成社会本能的本质，是社会本能的真正基础"。①

笔者对王海明教授说"……人生而固有自然属性"的论点是没有异议完全赞同的，但不能认同人还"生而固有社会本性"。

达尔文这句话是指明社会本能是由人的同情心本性所构成，即由人的先天所固有的同情心这种本质所决定，若没有这种先天本质的存在，那么后天也就失去了这种社会本能的基础，且达尔文在文中还特加了"社会"二字，这更表明他所说的完全属于社会范畴的概念，怎么可能推导出人的同情心是自然本性和社会本性同时并存的人的固有本性呢？

再者，人的本性是人在母亲子宫内孕育而成。孩子呱呱坠地才脱离母腹，这才和外在的自然和社会环境有所接触，这时才会产生人的社会属性。因此，当孩子尚在母腹中完全和外界隔绝的情况下，又哪来的固有的社会本性？要知，人的初始是由受精卵在母腹中逐渐孕育而成人，即人们所说的"十月怀胎，一朝分娩"。在分娩前夕，胎儿身体各部分的器官和肢体均已健全，具有了完整的生理机能，并蕴含了人性的遗传基因。所以，孩子出生接触了外界事物后，才有了情感的本能反应。诸如饿了要吃，困了要睡，不适会啼哭，开心就笑，享受父母的抚爱并亲近亲人，同时表现出对食物的要求和占有，等等。这些都是不学而会、不教而能的，是人的天性使然。总之，人的情欲均已融合在人的本性之中，构成了人的社会善、恶行为的因素和根源。因人出生后即不能脱离赖以生存的自然和社会环境，所以美国社会学家库利教授就称之为人的

---

① 王海明：《人性论》，商务印书馆2005年版，绪论第11页。

"社会生命"。而人的先天性也就随之在后天生活进程中融合而发生改变。所以，人的本性虽然是人固有的天然属性，但是人出生后要生活在自然环境和社会群体之中，这就需要接受和应对自然环境，特别是社会人文化的要求与安排。人的天性就会被重塑和引导而起变化，则人性又具备了社会属性。这就是人与其他动物的最大区别。

但更有学者在刊物上发表文章，竟然否定人所具有的自然属性，认为人只有社会属性，这样，就从根本上抹杀了人所具有的先天性和后天性，而人的善、恶本性自然也就不复存在。对于这样的论断，笔者实难认同。现在先从"人"的定义开始说起。根据《现代汉语词典》第五版，对人的解说是："能制造出工具并使用工具进行劳动的高等动物。"《辞海》的诠释是："由类人猿进化而成的能制造工具和使用工具进行劳动，并能使用语言进行思维的高级动物。"《哲学大辞典》的解释："地球上生命有机体发展的最高形式，在劳动基础上形成的社会化的高级动物。"

显而易见，从以上三部辞书解说，人的本意最后落脚处都是"动物"。既然人的根本是动物，人就绝不可能不具有自然属性！人的本性即人所具有的本能情感和基本的生存需求。

当然，人与自然界的动物是有重大区别。也就是人除了动物属性外，还具有社会人文化的属性。因人自脱离母腹来到人间，从社会劳动中学会了语言、学会了制造工具并在一定生产关系中从事生产劳动，从家庭、学校和社会的教育中懂得了伦理道德和礼仪文化，人也就深深地融入了社会属性。所以，人应是自然属性和社会人文属性融为一体且相互渗透具有二重性的高级灵长类智慧动物。

再从"饮食男女"方面来谈，因为这方面最能反映出人的自然属性即人的本性。先来说饮食。无论是自然界动物也好，社会人也罢，都是由于饥饿和维持生命的需要而食，这是人与动物的共通性，也为人们所共识。当然，人的饮食也确赋予了社会文化品位，所谓"饮食文化"，单纯的文化品位，若没有食材也是充不了饥的。再说，自然界的动物雌雄和社会上的男女两性，在性交上无一不是由于生理需要而发生的性冲动以获得身心快感而为。这是所有动物共通的特性，与社会属性并无关联。只是人在性行为上却与其他动物有所区别，这区别在于：动物的交媾是不受拘束的，而人却绝不能随意乱来。因人受伦理道德的教诲，礼仪文化的熏育和社会舆论的左右以及法纪的严肃制约所致。同时，由于文化、教育的熏陶影响而产生两性之间的倾心相爱，人在两性关系上也才披上了一层社会温情脉脉的彩纱，并不断发生很多感人至深的纯真爱情故事。尽管这样，仍然有众多"大人"、"先生"们把妇女当作泄欲工具，予以玩弄。社会上出现包二奶、包三奶以及嫖娼者之流，更有为数不少的不法之徒不时对女性采取强暴手段进行性侵，而这些人也就赤裸裸地袒露出其原有的动物自然本性。人们谴责他为"衣冠禽兽"或称之为"色狼"。现今社会上有一些有趣的现象，某些官员俨然一副清高的姿态，但在某些场合遇见妙龄女郎就馋涎欲滴，连脚都挪不动，被秘书硬拽着离场。还有一些道貌岸然的正人君子，在漂亮女人面前，神魂颠倒，丑态百出，背地里什么丑恶的事都干得出来。所以，人的这种本性的自然属性在社会的各种表象和行为中都会袒露出来。早在2300年以前，我们圣哲告子就体认到"食、色性也"。这就是说，饮食和性欲是人的本能，即人的本性。这是千古至理名言，颠扑不破的真理。

总之，人具有自然属性和社会属性二重性，两者相互融合，相互渗透，彼此都不能单独存在，若人只具有自然属性而无社会属性，那人就会退回到自私，与其他动物无异；反之，人只具有社会属性，而无自然属性，那也不是真正的人，便成为毫无情感的机器人。虽然如此，但两者却有着明显的区分，两者绝不可混为一谈。且人的自然属性仍然是人的社会属性的根基和前提，否则，人的社会属性如何生发？因为"皮之不存，毛将焉附？"为什么一定要弄清和体认人性的先天和后天，自然属性和社会属性的区别和关联呢？因为这对人的本性扬善抑恶有着非常重要的社会现实意义！

人的自然属性即人的生理机能的自然反应，应是人的社会属性的基础，是第一性的。而人的社会属性则是人通过后天自然环境和社会环境的影响，对其本性进行了重塑和引导而演变生发为人的各种具体社会行为，是从属的第二性，正如美国社会学家库利所说："尽管我们做的一切事情都带有本能性情感，但我们带有本能性情感方式却使我们很少或从来不能仅用它来解释人类的行为。在人类生活中，使得行为具体化的，根本不是某种动机，而是由教育和社会环境决定了其表现形式的本能。它只能通过复杂的社会决定的思想和情感方式起作用。"[①] 这也说明人的本性是先天的，是后天社会性的基础和根源。

在此，我们还对人的善、恶本性与人的后天善、恶行为关系做进一步论证。人的善、恶本性是基于人具有同情、怜悯和欲望因素的存在，而这都属于人的情感，是人自然形成的，而后天的人的善、恶行为却是非自然的，由人的德性和非德性的品质所决定，出于人的自我选择而为。但人的善、恶行为的根源还来自人的本性善、恶因素。所以，两者

---

① 库利：《人类本性与社会秩序》，华夏出版社1999年版。

既紧密联系又有区别，绝不能混为一谈。弄清人性先天与后天的两者关系，对指导人们的社会实践具有极其重要的现实意义。

此外，美国社会学家库利在其《人类本性与社会秩序》一书的导论中，还有一段结合现实的比喻，来解释人的善、恶本性在后天社会的具体变化。他说，在讨论人性善与恶的时候，还是不易概括的，需要辨别行为的特殊类型。如在金钱上吝啬或慷慨，好战或者和平，能干或平庸，保守或激进，好斗或温和，等等。换句话说，它不同于一般的概念，而是涉及了特殊环境和风俗的作用。在这个意义上，人类本性是最容易变化的，因为导致行为的本性，随着外部影响的变化而在道德或其他意义上都是变化的。现在是自私、无能、好斗和保守的本性，几年以后在另一个环境可以成为慷慨、有为、温和和进步的本性；一切取决于本性如何被唤醒和运用。在理解这层关系上最常见的错误也许是认为人类本性是不变的，它起了恶劣的作用并将永远起恶劣作用，因为人类不变的本性给我们带来了战争，使我们在经济上贪婪并且永远给我们带来这样的恶果。事实正相反，因为在一定条件下这些恶劣的东西消失了或是被控制住了。我们可以总结说，在这个意义上人类本性是可以变化的。

对库利先生的这一段解说，笔者做以下分析和评判：

（1）应肯定的是人的本性不是一成不变的，是后天可以改变的。这一结论无疑是正确的，重要的。这将促使对人的本性重塑和改变，更加自觉和主动。

（2）从对人的本性可变化的论说中，人性是具有先天和后天、自然和社会的属性。

（3）从总体论说中，可以看出人的本性的二重性，既可善也可恶。

但他为此所做的比喻则有很多不恰当之处，有的还不伦不类。诸如"吝啬"只能说人小气，品位不高，这不能算是人的恶性。只有对金钱贪婪占有而侵害到别人的利益，那才是恶的表现。"自私"只要不是损人利己，就不属于恶性范畴，何况从人的生存所需角度来说，人的自私还是不可避免的。当然，只顾自己的私利而毫不顾及他人，也是人们所厌恶的。再如"保守和激进"就说得很笼统，需要根据具体实情来予以判断是善还是恶。至于"能干或平庸"只能指人的智力高下，能力强弱，并不代表人的善性或恶性。这些道理库利先生未必就不了解，因为在当今世界，特别是资本主义社会中，欺诈、侵害和奴役等罪恶行径更是显而易见的，只是库利先生不愿说而已。故他特地以"在讨论人的善与恶的时候，还是不易概括的"来轻描淡写地加以掩饰。这里，还需特别强调的是，人的善、恶本性后天虽可以被改变，但不能被消亡。这就提醒人们，扬善抑恶是国家、社会和人民的永恒使命！

最后，再对人的本性重塑和改变的有关论说，按逻辑顺序，分段解说如下：

（1）由于有人把先天性与后天性混为一谈，认为人的善、恶行为是由后天社会环境直接影响产生，否认其先天存在人的善、恶因素的根源！而认为人的先天本性原来是无善无恶的，而事实却恰恰相反，正是由于人的善恶本性为先天所固有，才会生发和改变人的后天善、恶社会行为的可能。正如荀子所说："性者，本始材朴也；伪（人为）者，文理隆盛，无性则伪之无所加，无伪则性不能自美。"当然他是从人性恶的观点为出发点，但这里也可说明，人的本性是先天的客观存在为其根本的前提。因为天下没有无本之木，无源之水。总之，不能无中生有。这也同时说明人性具有可塑和导向之特性。所以，若无先天善、恶因素本性的存在，重塑和改变就失去了根基，没有了落脚之处，重塑和改变也就不复存在。这是人的本性无善无恶论者所无法解释的。

在此，需郑重说明的是，社会应是由生产关系而相互联系起来的人群所组成。若抛开人这个主体因素来谈什么社会环境影响，那简直就是在空谈和无的放矢！

（2）在阐述对人的本性善、恶重塑和改变时，不能仅理解成是社会外力影响的单一作用，而忽视了人的主观能动性。因为外因始终是要通过内因而起作用。人属于灵长类高等动物，在经过社会的教化和实践经验的知识积累而具有了理智，对事物有分析评判的能力，这样，人就可根据不同事物的变化和本能的反应，经过思考来调整自身的行为。所以，对人性的重塑和改变，均是外因通过内因有机结合的综合作用。

（3）外界事物对人产生影响，人在思考判断时有理性和非理性之别。凡是经理性思考做出合乎社会价值取向的判断而付诸于行动，一般来说，无损他人和社会，是人的善意行为；反之，则会有损他人和社会，是恶意行径。这里的关键取决于人的思想品德好坏，是能自律克己，还是纵性妄为。这就是依人的善、恶本性的因素反应为根由，经思考和选择而付诸行动所表现出的善、恶行为。

第十章

人性的可塑性和导向

　　第九章论说了人的先天和后天的关系以及人的本性的可变性。本章将进一步论证人的本性在后天被重塑和诱导的种种表现。关于人的本性这种可塑性，孔子早有"性相近，习相远"的论断（《论语·阳货篇》），而清《三字经》在这句后缀上"苟不教，性乃迁"，以示人性导向的重要性。后来，墨学的创始人墨翟就曾见染丝者而叹曰："染于苍（青色包括蓝和绿）则苍，染于黄则黄；所入者（指染料）变，其色亦变；五人必而已则为五色矣！故染不可不慎也！"（《墨子·所染篇》）墨子见染丝而感对人的教育有多么重要，一定要采取慎重态度。继后，西汉刘安也有类似的言论，他说："夫素之质白，染之涅（可做黑色染料的矾石）则黑；縑（细绢）性，染之从丹则赤。"（《淮南子·缪称训》）即民间所说的"近墨者黑，近朱者赤"。由此可见，人在后天所受环境熏陶的不同，其善、恶品性也就随之改变。这也是人的本性可塑性的见证。正是由于这种特征存在，才会产生人的后天性的各种社会行为，更向人们提供了扬善抑恶的机会和可能。这就是社会上为什么好人好事多、坏人坏事少。

人所处的后天环境分为自然环境和社会人文环境。自然环境也会影响人的性格。我国大西北由于地域辽阔，人烟稀少，养成人的性格大都豪放，所以有"信天游"这样豪迈奔放的民歌；江南地区人烟稠密，小桥流水，莺歌燕舞，人的性格偏于纤巧，说话多软声细语。所谓一方水土养一方人。社会环境可分为精神和物质两个方面。精神方面包括学说、思想、文化、道德、教育、艺术等，物质方面包括生产力发展水平，这些都对人性的塑造和改变起到至关重要的作用，但在这两者之间，精神方面还是首要的。这里还需要强调的是：从精神教化对人性的影响来讲，不是强制人性要服从某种主义要求的教化，而是主义要适应和符合人类文明进步和发展的合理需求。说到底就是要能满足人的本性的合理需求。凡是美好理想的主义均需具有"以人为本"的实质。由于社会人文环境可对人性进行重塑和诱导，这就给予了人们扬善抑恶的可能。

对此，2000多年前荀子就曾举例说明，他说：弯曲的木材就得依靠整形，进行熏蒸、矫正，然后才能挺直；不锋利的金属器具一定依靠磨砺，然后才能锋利。人的本性邪恶，一定要依靠师长和法度的教化才能得以端正，要得到礼义的引导才能治理好。荀子认为，人的恶性归根结底要通过人的思想意识而引发，再由自身行为显现，而人的思想意识又决定于自然和社会客观存在。即马克思所说"存在决定意识"。所以，后天的环境影响是决定人性走向的关键所在。具体地说，一个人在后天能遇到一个良好的社会环境并受到良好的教育，那他自身的善性（良知）也就能被引导而发扬光大，在社会生活中就会对他人和社会做出有益的事情，这就是他的善行。相反，一个人在后天所处的环境恶劣，并不断受到邪恶思想的灌输，那么他的恶性便会迅速膨胀，甚至做出伤天害理的事。古时，最先注意到环境对一个人成长的影响要算孟子的母亲了，孟母特别注意居住环境对孟子的影响，曾为此"其居三迁"。后来，孟子成为战国时的一代名儒，这与他幼年时所处的良好环境和母亲的苦心教导是分不开的。

也有坏人利用人性的后天可塑性，教唆幼童从恶。小说《雾都孤儿》中所描写的贼首费金就是这样一个恶魔。他为了攫取钱财，搜罗了一批流浪伦敦街头的孤儿，精心传授扒窃贼技，并用棍棒、饥饿等残忍手段来逼迫这些孤儿在街头从事偷窃营生，蒙蔽了纯真孩子的良知，使他们一个个变成丑陋可恶的窃贼和骗子。

有鉴于此，对人的后天教化就应特别重视。特别是人孩提时期的家庭教育尤为重要。因为孩子一出生先接触的环境就是家庭，这是塑造孩子后天性的起点，这时孩子对事物错、对评判标准都是按父母平时说教和行为作为依据。所以，父母的品德行为和家庭的氛围是影响孩子品德好坏的首要环节。一个具有良好操守的父母无疑对孩子纯洁心灵的塑造起到良好的作用，而一个醉鬼或赌徒家庭则会对孩子的心理造成沉重的伤害。父母的职业也往往决定孩子将来的志趣走向。父母的职业往往会引起孩子的兴趣和模仿。如我国京剧大师、四大名旦之一的梅兰芳，其子梅葆玖便是京剧梅派的传人，另一位著名表演艺术家四小名旦之一的张君秋，其母就是河北梆子演员张秀琴，而张君秋的儿子张学津则是著名京剧老生演员，这都是由于幼小时对京剧行当耳濡目染和家长引导、培养所致。又如我国著名乒乓球运动员、世界冠军邓亚萍，从小在其父母的调教下，对乒乓球运动产生浓厚兴趣，经长期刻苦训练终于成长为世界冠军。又如我们通常所见的"中医世家""泥人张""王麻子剪刀""爆肚王""王致和腐乳"……无一不是世代家传引导而形成的。以上说明环境的熏陶和家庭的启蒙教育对人性的导向具有多么强烈的感染作用。

对人的后天性的重塑和引导除受家庭熏陶外，学校教育也是一个非常重要的阶段，这是人性塑造的接力和延伸。现今，学校的环境总体来说还是好的，学校对学生的知识传授和品德教育适应了国家的需求，培养了大批专门人才，其中不乏知名的学者和专家，他们绝大多数都终其一生精力勤奋求索，做出优异成绩，造福国家和人民。其善良高尚品德应该说都是在校学习期间打下的良好基础，他们的成就也无一不包含了老师的辛勤教诲。但现时的教育制度不可否认还存在较大的欠缺，特别是"应试教育"对学生就起到了不良影响，阻碍了学生的创新精神，并促使学校教师和家长为着升学而奔忙，更为入学考试拼命做着各种准备，学校要求的是升学率，家长要求的是能考入大学，而且是名牌大学。学生在老师和家长的双重压力下，除了读书还是读书。这是因为大学入学考试的分数线是决定学生一生的命运线！谁也不敢轻视和怠慢。这种被动式的应试教育，确使学生身心疲惫不堪，学习成了一种痛苦的沉重负担，我们经常看到一些小学生小小年纪，背着一个沉重的大书包，蹒跚地走在上学路上，而各种各样的学习班也会接踵而来，把孩子的整个生活挤压在狭小的学习空间里，使孩子在德、智、体方面不能很好地全面发展。要改变这种弊端，就需彻底改革目前的这种应试教育制度，大学要降低入学门槛，不要把分数线定得过高过死，而要采取宽进严出的教学体制。在美国，高中生毕业后可以在全国自选大学，校方只看三个依据：一是高中学习期间的成绩单；二是一篇个人小论文，其主要内容包括学习志向、个人爱好和特长（这是一项很重要的依据）；三是在高二或高三时申请的 SAT（即 Scholasitic Assessment Test 的缩写，中文译为学习能力评估测试），分为阅读、写作、数学。再经面试后，由校方决定是否录取。根本没有高考这一关。但录取进入大学后，在校读书则把关很严。学科考试不及格或学分读不够则不能升级或毕业。总之，一句话，不合格的学生绝对毕不了业！笔者认为，美国现时入学考核制度确可作为我国教育制度的参考。

最近，上海交通大学博士生导师陈工孟教授曾在一篇文章中对当今应试教育有这样一段评论："过度追求应试教育却使教育违背了自身发展的规律，偏离了其原本的目的，在一定程度上违反了人的本性……它扼杀了人（术业有专攻）的个性特长，违背了多元智能规律，忽略了社会所需的多层次创造性人才的培养需求；它忽略了教育的终极目标是树人——培养身心健康、自信、有理想、有社会责任感的德才兼备的人……严重制约了创造性思维、创新意识和个性化的发展。"

笔者认为，上述认知应引起教育工作者深思的。再说，现时青少年的德育方面的教育也存在着欠缺，特别是将《三字经》《弟子规》甚至《论语》搬来向小学生灌输，这样很容易磨灭少儿应有的棱角，造成孩子柔弱和不分是非的忍让、驯服的片面性格，对国家未来的人才格局存在着很大风险！笔者认为，在小学阶段不宜普及儒学，最好是让孩子在良好环境的引导和示范下，任其自由成长。

最后再回到社会，因为社会环境可以说是塑造人性的大熔炉，人的善、恶表现大多由此熔炼而出。而社会环境好坏和人的善恶表现是成正比的。一个和谐的社会环境中，人们大多表现出彬彬有礼、和蔼友善，如20世纪60年代后期全国开展向雷锋学习期间，整个社会人心向善，质朴可爱；反之，在一个乱世环境中，恶人横行，导致人人自危。若是一个社会处在无政府、无法律约束的状况，这犹如打开了"潘多拉的盒子"，大大小小的恶魔便会蜂拥而出。这时，杀人放火者有之；趁火打劫者有之；宣泄仇恨者有之，打击报复者有之；趁机钻营者有之；浑水摸鱼者有之，借机往上爬者有之；阴谋歹毒整人者有之；等等。总之，是恶人横行，好人遭殃，这就是20世纪60年代中期开始的那场史无前例的"文化大革命"的真实写照！那时全社会的宣传工具都在鼓吹"造反有理、'革命'无罪"和"横扫一切牛鬼蛇神"。于是公、检、法被砸烂，政府机构瘫痪，大批干部和知识分子被批斗，社会上原有的"温、良、恭、俭、让"的和谐氛围消失了，代之而起的便是"打、砸、抢、杀、烧"的恐怖场景，真正变成了所谓"和尚打伞，无法（髮）无天"的局面，这种人间惨剧绝不可再重演！

人性还可进行定向引导。人在某个特定环境中，只要不断对其进行思想教化，就能把人性引导到你所需要的方向和目的。如宗教，由于传教或布道者不懈宣讲宗教教义，就会使某些人成为虔诚的教徒。当然，宗教的宗旨都是劝善去恶的。但与此相反的一些邪教组织，就会不断向人们灌输邪恶思想，使教徒受其摆布而失去自我，甚至助其作恶。

如被这样的邪教所控制，人性中的"恶"便会受该邪教组织驱使，做出令人匪夷所思的坏事，比如生病了不肯就医，反而坚持自残。或者以宗教的名义杀害生灵，比如墨西哥的撒旦崇拜教，在其"撒旦崇拜"仪式上，以活人为祭物，且手段十分残忍。

若仅是邪教，或许我们还容易分辨，最令人担心的是，在如今的市场经济社会，有一些地下组织竟以类似邪教的手段进行经营活动，最典型的要数近年来屡见不鲜的传销组织，一个求职者一旦进入传销组织，就会被"洗脑"，传销组织者会每天向其灌输他们的"赚钱之道"，受到蛊惑的求职者就会向亲友骗钱。这种实例在最近十几年多不胜数。

那么我们要问，人为什么常常会被坏人或骗子"牵着鼻子"走呢？要回答这一问题，还需从人的本性谈起。因为人都具有趋利避害的本能，正是由于这种本能的存在，才有可能被导向。骗子们正是利用了这一点，往往采取利益的引诱或要你立即避免骗子所捏造的金钱上的损失使你上当受骗。而在整个引导过程中，被骗者的定向思维就鬼使神差一样一直保持不变，除非有人点明而重新认识到危害的事实，才会猛然醒悟破局。所以，避免上当受骗的最好法宝就是不要贪图忏何便宜，俗语说得好，"天上不会掉馅儿饼"，"世间也没有免费的午餐"。同时能够对骗子们所编造的谎言进行判断和证实。当然，进行不间断的正面的思想品德宣传教育，也会把人们引导至善。如20世纪五六十年代的"学雷锋"时期，那时好人好事就蔚然成风，同时也培养少年儿童的质朴情感，一首"我在马路边捡到一分钱，把它交到警察叔叔手里边……"儿歌，就是明证。在"忆苦思甜"的教育中，记得笔者的二女儿小玲，当时刚七岁，就独自悄悄跑到屋后"人定湖"公园，摘了几片柳树叶往嘴里送，觉得自己也应该吃吃苦。可见，对人性善、恶的定向引导具有多么强烈的效应。

然而随着时代的发展，除了外在的思想宣传教育引导外，更重要的还要有内在的实质性社会福利承诺，要给老百姓看得见的实实在在的好处才行。故习近平主席最近发出明确指示，要求精准扶贫、限期脱贫。这实在是一个空前的创举！也就是说，需要继续深化政治和经济体制改革，只有不断提高人民的生活水平，使普通民众切实感受到他们所得到的实惠，生活能过得幸福美满，就自然会坚定民众对社会主义的政治信念和向心力。这才是对民众的实质性的宣传和引导。只要宣传和兑现承诺紧密关联，就能取得对民众宣传的最大成效！

第十一章

后天人性善、恶的相互转化

人性后天善、恶相互转化成为可能，就是基于人性具有可塑和导向的特性。人在后天社会由于受到某种特定环境和条件的影响，人性的善、恶就有可能相互转化，好人可能变坏，坏人也可能变好。这种善、恶相互的转化已被无数历史事实所印证，千百年以来也被人们所熟知。公元前530年，古希腊诗人赛阿格尼斯就曾经说过"跟好人在一起你会学会好的事情，但如与坏人厮混，你就要丧失你的辨识力"。另一位诗人还说"一个好人在一个时候是好而在另一个时候是坏的"。[①] 而人性善、恶转化的关键就是外因作用于内因对人性的重塑和改变。若人由善变恶，则内因起决定作用。古希腊哲人色诺芬就说过"一个人一度

---

① 色诺芬：《回忆苏格拉底》，商务印书馆2009年版。

能够自制，以后可以丧失这种自制力，一度能够行正义，以后可以变得不能行正义……因为和人的灵魂一起栽植在身体里的欲念，经常在刺激他，要他放弃自制，以便尽早地在身体里满足欲念的要求"①。具体来说，就是决定于一个人的主观意愿。而意愿又受一个人的意志力强弱所左右。一个人的意志力有强有弱，这是由其自身对公平正义的信仰强弱决定。意志坚强的人，面对利害或生命攸关时，仍能守住良知，坚持正义而不计利害，而意志薄弱的人就会掂量和计较利害得失，也许会放弃良知，走向堕落和罪恶。如《红岩》中的江姐和甫志高就是一个鲜明对比的例证。江姐的名字叫江竹筠，当时是川东临时联络员，下川东地委委员；甫志高实名是任达哉，当时是重庆地下党组织联络员，城区支部书记，起始应是具有革命理想的人，当属有志向的好人。但甫志高在被捕后，经不住敌人的恐吓和威逼利诱，动摇了信念，丧失了良知，出卖了江姐和重庆地下党组织，成了可耻的叛徒，一个十恶不赦的罪人。相反，江姐却能坚定革命志向，守住良知，同样在敌人严刑拷打和利诱下，面对死亡却毫不退缩，保持了一个革命者的高尚气节，最后从容就义。由此可见，意志的强弱也会决定一个人善、恶行为的走向。但坚强的意志不是轻而易举拥有的，而是需要经过一个长期磨炼的过程。正如孟子所说"天将降大任于斯人也，必先苦其心志，劳其筋骨，饿其体肤，空乏其身，行拂乱其所为，所以动心忍性，曾益其所不能"（《孟子·告子下》）。孟子说这番话的实质意思，笔者认为，就是要求人能克服自己的私欲，这犹如克服地心引力那样艰巨，所以才需这样艰苦的磨炼，否则就难以奏效。只有强化自我意志，坚定信念，才有可能为了

---

① 色诺芬：《回忆苏格拉底》，商务印书馆2009年版。

社会的公平正义和民众的福祉，甘愿做出自我奉献甚或牺牲！具有这种志向和博大情怀的人，自然能够在前进的道路上"富贵不能淫，威武不能屈"。相反，一个意志薄弱者就难挣脱唯我私欲的引力，更经不住利益的诱惑，以致丧失良知走向堕落而成恶人。

近现代好人变为恶人的典型要数汪精卫了。汪精卫早年留学日本，1905年他就是孙中山在日本东京筹建同盟会章程的起草人之一，追随孙中山先生从事革命宣传和协助武装起义，成为孙中山先生的得力助手。1910年1月还曾潜往北京谋杀清朝重臣以振奋天下人心，但因行事不周而败露，后被捕入狱，庭审时威武不屈，并吟出"引刀成一快，不负少年头"的壮烈诗句，也算得上是一位热血青年，革命正义之士。但此后清朝覆灭，民国初建，他在身居要职后就开始起了变化，为了巩固自己的权势和地位，一直与蒋介石争权不断，直至抗日战争初期终被蒋介石排挤出局，失去了所有实权，因而心怀不满和怨恨，更由于对抗日前途产生悲观看法而失去信心，在私欲极度膨胀和日本人所提供的巨大利益的诱惑下终于投入了日本侵略者的怀抱，与日本秘密签订了出卖东北三省领土、出卖国家主权的所谓《调整中日新关系之协议文件》的"内约"，从而当上了日本傀儡"国民政府"的主席，成了一个彻头彻尾的民族败类，十恶不赦的大汉奸！（详见《中国通史·丁编传记》，上海人民出版社1989年版）

由此可以看出，一个正直贤良之士能坚守良知并长久坚持善行，需要坚强的意志和信念，而这需要经过一个艰难磨炼过程才能成就。因为行善始终是在付出，先需要克服自身的私欲才行，也就是舍得；行恶则是向他人攫取以满足自身的占有欲，无须去克服什么，容易付诸行动。若是由一个恶性坏人再转变为一个善良好人就难上加难了。但无论是由善变恶，还是由恶转善，都得通过内、外因共同作用来完成，因为善、恶本身并不能相互自然转变，必须通过内因或者外因而起变化，这里只是存在一个究竟谁起主导作用的问题。也就是说，这种转变是内因起主导作用，还是外因在起主导作用。要说明这个问题，就需要看是由善变恶还是由恶转善。前者应是内因起主导作用。这在上面已经提到，转变与否决定于一个人的意志和选择，内因是决定性的。后者是由外因起主导作用。这好比一个患有重症的病人要想病愈，就必须进行医治和调理，有的还需进行外科手术，否则将难以康复，这不是主观意愿能奏效的。更何况一个邪恶的坏人要转变为一个有利于社会和他人的好人，没有外力施加强大影响，这实际上是不可能的，而其最有效的外在影响力就是国家所制定的法律、法规以及行规和纪律，以此来对罪犯和其他一切因不该做的事而犯了错误的人的惩处、约束和说教，促使他们重新做人，这就是外部施加的影响所起的效果。

　　就拿犯罪分子来讲，经过工作人员长期帮教，绝大多数劳教人员会重新走上自新之路，其中不乏成为有用人才，以至为社会做出巨大贡献的人。就是最邪恶的人，在外部压力和政策感召下也有少数人能改过自新。从现今来说，最邪恶的莫过于"自杀式炸弹袭击"者的背后策划和指挥的首要恐怖分子。他们的袭击对象主要是无辜的平民百姓，其中包括众多老人、妇女和孩子。每次袭击都会造成几十甚至数百人伤亡，是现今人们最深恶痛绝的。但在这一群最邪恶的人群中，也有悔悟者，从罪恶的泥淖中走出而迈向光明的坦途，即是由大恶之人转化为善良的新人。这里就有一个国外的典型例子可作佐证。2011年11月19日美国《世界日报》就刊载了一篇题为《昔日恐怖分子，今成反恐英雄》的文章，说的是印度尼西亚前"回祈团"的一个重要成员，42岁的纳西尔·阿峇斯从一个极端恐怖分子转变为反恐英雄。纳西尔·阿峇斯曾是印度尼西亚"回祈团"首领之一,被任命为"回祈团"第三地方分区指挥官,管辖范围包括东马沙巴州、印度尼西亚苏拉威西和菲律宾师宝南部。他曾训练过无数个恐怖分子,其中就包括制造2002年巴厘岛特大炸弹爆炸案的凶手。纳西尔·阿峇斯在2003年被捕后,在警方强大压力和悉心教育的双重影响下终于悔悟,之后曾协助印度尼西亚警方破获了印度尼西亚国内所有的大爆炸案,并经常探访被捕入狱的"回祈团"成员,以身说教,规劝他们放弃"回祈团"邪恶的思想意识。数年来,他不间断地在国内到处宣讲,规劝民众不要加入"回祁团"这一邪恶组织。由于他反恐的表现和贡献,2008年被联合国从恐怖分子名单中删除。印度尼西亚还为他出版了一本名为《我领悟了圣战真谛》的反恐漫画集,而纳西尔·阿峇斯就是这本漫画书中的主角。

上述是大恶之人的转变情况,而小恶之人的转化也照样免不了外来因素的影响。所谓"放下屠刀,立地成佛",不受任何外来因素触动而像禅宗的"顿悟"那样,这实际上是不可能的。现可用一实例加以说明。2011年中国台湾的报纸报道,中国台湾"中央大学"人力资源所博士生王志远过去是个人见人怕的恶少,在读书时抽烟、飙车、打架、逞凶斗狠、砸老师车,是一个横行霸道的小混混,当时老师曾讥讽他是不能回收的垃圾!而如今他竟成了"国科会"奖励的博士生,并且是国际马拉松、铁人三项赛的冠军,可算是"浪子回头金不换"了。

据王志远自己说,他的转变开始于外界对他的反应:在路上行走时,路人见了他都会躲闪,并用一种鄙视眼光看他。这对他触动很大,感觉要读书、做个有学识的好人才会被人看得起。自此以后他立志勤奋学习,决定以读书来换回尊严。由于他的努力,终于考上了云林科技大学，后又就读博士研究生。同时他非常爱好体育，多次参加国际马拉松赛，屡屡取得好成绩，为中国台湾争得了荣誉。经常有人问他是怎样做到这样彻底的转变。他说："我没有慧根，而是愿意做。"把每个改变，都当成一场比赛，设定目标努力达成。这可表明王志远由坏变好，由恶转善，是受到外因施加的影响，又通过内因而实现自我意识的改变来完成的①。由于人的后天性存在可塑性和导向性，不仅体现在一个人善、恶的相互转化上，而且不同的人还会在同一时间、同一地点，在对待同一事情上有着善、恶不同的表现。这在我们现实社会中也是经常看到的。其行为反差之大，让人十分吃惊！

现就举以下两例来予以说明：

其一，刚到浙江温州找工作的贵州青年王洪发现有人落水，当即跳进又脏又臭的河里，将落水的一男一女救上岸……看着救护车远去，王洪站在岸边舒了一口气，但他回头找自己脱在岸边的裤子时，发现钱包不见了。"救了人，钱没了，我很痛恨小偷，但没有半点后悔，毕竟救了人，自己开心。"王洪说。

其二，2011年7月23日，甬温线特大铁路交通事故发生后，当地数千村民从四面八方赶到现场，分别到各个车厢救人，这些村民是冒着生命危险在救人，因为垂直掉下来的车厢随时可能翻倒，而高架桥上的水泥板也随时会脱落，就在这样的险境中，他们前前后后救出了近百人，而已经逃生出来的乘客又毫不犹豫地返回车厢参加抢救其他受伤乘客。当伤亡乘客不断从车厢里被抬出来时，附近的各种旅行车、出租车、农用车组成了义务运送车队，将伤员陆续送进医院。当地许多民众

---

① 美国《世界日报》，2011年11月14日。

纷纷赶往温州市中心血站献血，几个献血点都排起了长队。此时互联网也忙碌起来，微博不断发布有关抢救信息和转发乘客家属寻人启事，仅新浪微博寻人的转发量就超过50万条。

然而，竟有另一些人在同一时间却正偷偷策划着不可告人的卑鄙勾当。部分伤者家属在事故发生后陆续接到电话，打电话的人声称是他们将伤者送到了医院，此时情况危急，要求汇款到医院账户才能动手术，乘人之危进行骗钱。

从以上几则报道可以清楚地看到人的善、恶在同一事件上反差之大。

上述事例有的令人赞叹不已，有的又使人产生无比的愤慨！从这里可以清楚地看到，人的先天善恶本性应是同时存在的，因而在社会上才会发生在同一时间对待同一事物上的善、恶行为反差，这是由人们在后天成长环境中所形成的品质好坏来决定的，是人的善性和恶性在特定条件下的爆发。

本章所列举的正反事例鲜明地展现了人性善恶的转换，都是人的内外因共同起的作用。由善变恶是人的内因起主导，而由恶变善则是由外因起主导作用。

再从人性后天可以重塑和改变来看，人的先天恶性的存在其本身并没有什么可怕的，关键是在后天可以进行教化和治理，也就是后天社会可以大力开展扬善抑恶举措。只要通过教育和自身努力，人都有可能成为心地善良的好人。就拿孟子和荀子来说，虽然双方在人的本性善、恶观点上尖锐对立，但在人都可能成为完善好人方面，认识却是相当一致。冯友兰先生就曾将两人的认知作了对比："孟子主张人性善；荀子则主张人性恶，他们两人一直站在对立的位置。但是他们却一致承认一切人都可以做完善的人，不管他性善也好，性恶也好。孟子则提出开端的说法,他说:'恻隐之心,仁之端也。羞恶之心,义之端也。辞让之心,礼之端也。是非之心,智之端也。人之有四端,犹如其有四体也……凡有四端于我者,知皆扩而充之矣。若火之始燃,泉之始达。苟能充之,足以保四海,苟不充之,不足以事父母。'他的意思是说,人人都可以成为尧舜,也就是人人都可以成为圣贤,只要他能努力去发展他已有的四端。荀子说:'人之性恶,其善者伪也。''涂之人可以为禹,曷谓也?'曰:'凡禹之所以为禹者,以其为仁义法正也。'然而仁义法正,有可知可能之理。然而涂之人也,皆有可以知仁义法正之质,皆有可以能仁义法正之具,然则其可以为禹明矣。按照荀子的说法,人类全是一样的恶,不过他们都有相对等的聪明才智,知道德行,知道修身。所以一切人都一样的能去作完善的人。"①

上述表明,不管人的先天善、恶本性如何,后天都具备改恶从善的素质和理智。随着社会的不断进步和人类物质和精神文明的不断提高,人性也将获得进一步的净化和升华,总的趋势是:人的善性会越来越发扬光大,而人的恶性会越来越得到遏制,直到它处于休眠状态,这也是人类最终的目标和期盼。但同时,人类社会在扬善抑恶的制度建设方面却丝毫也不能放松,甚至可以说这是人类永恒的使命!

---

① 冯友兰:《冯友兰谈人生·中国哲学中之民主思想》,长江文艺出版社 2009 年版。

第 十 二 章

知识与人的善、恶行为的关系

在讨论这一问题之前,需要了解一下"知识"一词的具体含义。早在2400多年前,古希腊哲学领域曾先后给"知识"下过诸多定义。最初是"知识就是基本感觉",后又改为"知识就是感知有论证支持的正确判断,没有论证就没有知识"。总之,知识的概念在实践的认知中不断地更新和完善,这里就不再一一列出了。对照我国《辞海》《哲学辞典》《现代汉语词典》的提法,笔者认为,《现代汉语词典》对"知识"一词的解释比较概括和简明。其注释为:人们在社会实践中所获得的认识和经验的总和。由此可得出:第一,知识是人们在后天社会生活实践中所获得的而不是人先天所具有的;第二,知识是与人们的社会实践密切相关,没有生活实践和经验的积累也就没有知识;第三,知识也只有在运用,即在人们日常行为中表现出来。

由于人类大脑发达，具有高度的智力，在社会生活实践中逐渐认识到什么是善、什么是恶，如何做好事、行善，也知道如何做坏事、作恶。在有关人的善和恶的问题上，18世纪英国哲学家休谟就曾作过论证，他认为"恶与德（善）是情感产生最明显的原因……对我们有利的倾向或有害的倾向会使我们产生快乐或不快，赞许或谴责就是由此产生……如果一切道德都是建立在痛苦和快乐之上，当我们预料自己或别人性格所可能带来损失或利益时，痛苦和快乐就会产生，那么道德的全部效果就必然由痛苦和快乐得来"。因而休谟总结说："德的本质在于产生快乐，而恶的本质在于给人痛苦。"①

休谟将人后天的行为分为道德的和不道德的，即善的和恶的。而划分善、恶的唯一标准就是快乐或痛苦。笔者认为，这样的区分过于简单和笼统，并不能准确包含全部人的善、恶行为，应该看到"快乐和痛苦"本身具有较大的不确定性。快乐的产生并不都源于善行，做坏事也会给他人带来快乐。譬如一个出售毒品的人，通常他自己不吸食，他认识到这东西是很有害的，但他却向别人出售，而吸食者暂时会感到无比的兴奋和快乐。无论是对于贩卖者还是吸食者，这都是恶劣的行为，他们却从中感到了快乐。所以，快乐本身就具有正当性和不正当性之别。再说到痛苦。引起痛苦的行为也并不一定都出自恶意。比如管教人员对犯人的管教，被管教者并不愉快，因为改造本身就是一个痛苦的过程，而所有的司法人员却是在实现社会的公平和正义，同时也在尽量挽救这些人的灵魂，这应是最大的善行！因此，"德的本质在于产生快乐，而恶的本质在于给人痛苦"。这一论断并不完备也不精准。倒是古

---

① 休谟：《人性论·恶与德》，北京出版社2007年版。

希腊哲人亚里士多德对善、恶的认定比较缜密和完善。他说:"爱高尚（高贵）的人以本性上令人愉悦的事物为快乐。合乎德性的活动就是这样的事物。这样的活动既令爱高尚（高贵）的人们愉悦，又自身令人愉悦。所以，他们的生命中不需要另外附加快乐，而且自身就包含快乐。因为，除了我们所说过的，不以高尚（高贵）的行为为快乐的人也就不是好人。"并进一步论说:"合乎德性的活动必定自身就令人愉悦。但它们也是善的和高尚（高贵）的，而且是最善和最高尚（高贵）的。因为好人对于这些活动判断得最好，而他们就是这样的判断。所以幸福是万物中最好、最高尚（高贵）和最令人愉快的。"亚里士多德对幸福的定义"就是生活得好和做得好"[①]。

亚里士多德在这里对善与恶的评判，是以人的本性为出发点，即经自身理性判断和认知是愉悦的行为也一定会令他人愉悦，这样的行为自然是善行;相反，自身就不认为合乎德性的快乐就不应施于别人，否则就是恶行。这与孔子所说"己所不欲，勿施于人"和"己欲立而立人，己欲达而达人"虽然表述不同，内容实质却是那么的一致！最后，亚里士多德用"幸福"作为衡量善与恶的尺码，即合乎德性所产生的幸福就是善的，不合乎德性的享乐就是恶的。

综上所述，对善、恶的评判，笔者的体认是：在正当追求自身幸福的同时也为别人的幸福创造条件，而这种创造又往往远大于自身的所求，这才是有德性的高尚的人，当然是善行；反之，只为追求自身的享乐而损害他人的利益和幸福，其行为无疑是在作恶，这就是善和恶的实质，也是笔者对什么是善，什么是恶的认知。现时，有学者认为人的善

---

① 亚里士多德：《尼各马可伦理学》，商务印书馆 2003 年版。

与恶是没有一定判别标准的，可随着"不同历史时期，不同社会形态，不同阶级，不同民族通行的道德规范都不相同，有的甚至相反"。按这样的说法，好像善、恶就没有一个确切、正当、合理的内涵了，可以随着人们主观意愿来作定论，想怎么定就怎么定！那么笔者不禁要问：能否把侵略说成是友善？把强奸说成是友爱？把黑的说成是白的？相信凡是具有正常思维能力和有正义感的人均不会同意的，纵然屈服于当时的权势压力，不敢有所异议和反抗，但其内心也是非常愤愤不平的。这使笔者想起某人曾经说过：历史好像一个小姑娘，可以任人打扮。当然从古至今确有不少别有用心的人就是这样做的。但不管这些人如何篡改和歪曲历史也绝对抹杀不了历史的原本事实。因历史就是历史，就像小姑娘一样，任凭他人怎样打扮也改变不了她原本的容貌。有人会说，现在科技发达了，用外科手术即可改变。若这样做，那也只不过是更高级的欺骗罢了。正如有人说，谎言重复一百遍就成为真理。但这同样也是在忽悠和欺骗，因为它是谎言，真理终究还是真理！

还有的学者一味追问什么是善？什么是恶？笔者认为，最好还是返身自问来求解答，这比对善、恶定义的了解来得更实在。一个人若能做到触及灵魂的反思这是一件非常困难的事，但也是最难能可贵的。还是回到正题来谈，人学到了知识，也就具有辨别是非真假和善恶的能力。特别是知识的运用：一是将看不见、摸不着的人的善恶本性具体地表达和呈现出来；二是使人懂得如何更好地行善，又知道如何更能损人利己来作恶。由此可见人的善、恶行为始终贯穿着知识的运用，应是人性善、恶的媒介和显影剂。在此，笔者还可用希腊哲人苏格拉底与画师帕拉西阿斯一段生动巧妙的对话来看看人性的善、恶是如何运用人的知识来表达的。

苏格拉底问："当你们描绘美的人物形象的时候，由于在一个人身上不容易在各方面都很完善，你们就从许多人物形象中把那些最美的部分提炼出来，从而使所创造的整个形象显得极其美丽。"

"的确，我们正是这样做的。"帕拉西阿斯回答。

"那么，你们是不是也描绘心灵的性格，即那种最扣人心弦、最令人喜悦、最为人所憧憬的最可爱的性格呢，还是这种性格是无法描绘的？"苏格拉底问。

帕拉西阿斯回答道："啊，苏格拉底，怎么能描绘这种既不可度量，又没有色彩，也没有你刚才所说的任何一种性质，而且还完全看不见的东西呢？"

"那么，可不可以从一个人对别人的眼色里看出他是喜爱还是仇恨来呢？"苏格拉底问。

"我想是可以的。"帕拉西阿斯回答。

"那么，这种情况是不是可以在眼睛里描绘出来呢？""当然可以。"帕拉西阿斯回答。

"至于朋友们的好的或坏的情况，在那些关心和不关心他们的人的脸上，都有同样的表情吗？"

"当然不是。"帕拉西阿斯回答道："因为他们都对朋友好的情况感到高兴，对于他们坏的情况感到忧愁。"

"那么，能不能把这种情况表现出来呢？"

"当然能够。"帕拉西阿斯回答。

"而且，高尚和宽宏，卑鄙和褊狭，节制和清醒，傲慢和无知，不管一个人是静止着，还是活动着，都会通过他们的容貌和举止表现出来。"

"你说得对。"帕拉西阿斯回答。

"这样一来,这些也都可以描绘了?"

"毫无疑问。"帕拉西阿斯回答①。

这一对话让我们清晰地看到人性的善良和丑陋必须通过人的行为举止和情感的流露方能表达出来。此处就是借用绘画的手法向人们做出展示。

这不由得笔者想起我国现代著名漫画家华君武、方成、丁聪等,他们只用简单的线条就可勾勒出一个人的内心活动和性格特征,将其形象惟妙惟肖地呈现在人们眼前,再配上简短的文字,即能使人产生厌恶、或忍俊不禁,这些都是运用人所掌握知识的运用,来表达人的内在情感和外在行为。

人性通向人的行为的桥梁或媒介应是人的知识,具体来说就是人的先天性的善、恶因素和人的后天善、恶行为是完全依靠和通过人的知识运用来辨别的。所以,先天的人性与后天的知识既有密不可分的关联,又有明显的区别,两者不可等同。

但西方哲人却把知识与性善看作是一回事,认为知识就是美德,而美德无疑是和人的善行相一致的。因此"知识即善"就自然合乎逻辑了。

因而古希腊哲学家苏格拉底首先提出:"只有在知识的指引下,人的行为才能善良和正确。"由此认定"只要有知识就可以发现,它对快乐和别的事情起支配作用。当人们对快乐与痛苦,亦即善与恶作出错误选择时,使他们犯错误的原因就是缺乏知识。你们知道自己在没有知识的情况下采取错误行为是无知",进而肯定"人绝不会自愿作恶,无人

---

① 色诺芬:《回忆苏格拉底》,商务印书馆2009年版。

会选择恶或想要成为恶人。想要做那些他相信是恶的事情，而不是去做那些他相信是善的事情，这似乎违反人的本性"①。稍后，苏格拉底的学生、犬儒学派创始人安提西尼针对美德就是知识的论说，认为"只有循此才能获得美德。幸福的基础在于美德，而美德的基础在于知识。因此美德是能够教育的，并且通过词意的研究而获得。只要知道什么是美德，就能按美德行动，谁达到了这种知识，就永不丧失"②。再后来，是哲学家亚里士多德，他认为"人的每一种实践与选择，都以某种善为目的。医术的目的是健康，造船术的目的是船舶，战术的目的是取胜，理财术的目的是财富"。由此他进一步指出："对于善型的知识，作为可以帮助我们获得那些可实行和获得的善事物的手段，还是值得去获得的。"③

上述亚里士多德的观点表明：人的善行与知识是紧密相连的，知识是实现善事物活动目的的必需手段。这与苏格拉底、柏拉图、安提西尼的观点是一脉相承的。

对此，近现代美国哲学家罗素就做了一个总结性的解说："苏格拉底认为一个人犯错误或犯罪的原因正是无知。一个人只有懂得了知识，才不会犯过失。因此，无知是罪恶的一个首要根源。为了达到善的境界，我们必须具备知识。所以，善也就是知识。善与知识的联系成了整个希腊思想的一个标志④。"

古希腊哲学家们对知识的功用，特别是知识与人性善、恶的关联的论说，确实有过人的见解，凸显出古希腊哲人伟大的智慧。特别是苏格

---

① 《柏拉图全集》第一卷，人民出版社 2007 年版。
② 《哲学大辞典》，上海辞书出版社 2010 年版。
③ 亚里士多德：《尼各马可伦理学》（第一卷），商务印书馆 2003 年版。
④ 罗素：《西方的智慧》，中央编译出版社 2012 年版。

拉底认为，人若趋恶避善，那是违反人的本性的，说明人的本性是善的。这与早苏格拉底150年的我国孔、孟儒学"人性本善"的认知是相当一致的。虽都有其片面性，但在肯定人性存在善性的一面，同样都是伟大的发现，对人类均做出了重大贡献！

同时，苏格拉底在认知人性向善的基础上，对求知而达善具有很大的积极意义。为了保证人的善性升华和发扬，要求人们不断追求新的知识，运用新的知识和科技成果来为社会和民众谋福祉，使人的善行完美最大化。这就是苏格拉底的"美德即知识"的实质含义。继苏格拉底之后的古希腊哲人均倡导寻求新的知识就能获得美德，谁能掌握至善的知识，就会永不丧失善性的发扬！这与我国孔、孟所倡导的求知而达善（人的本性）也是相一致的。孔子在《大学》开篇就提出"大学之道，在明明德，在亲民，在止于至善"。

这就是说，学习的目的在于彰明内心善良的美德，在于使人自省常新，在于使人处于最美善的道德境界！孟子说："学问之道无他，求其放心而已矣。"意思是学习的目的，没有别的，只不过将其失去的本心善找回来就是了。可见，在求知达善上，古希腊哲人与我国儒学也是高度一致的，求知的目的在于行善。

然而，这并不是说古希腊哲人所有的观点都是正确无误的，答案应是否定的，因为其中对知识的论说就存在较大的片面性，且论说的前提也有问题。

知识虽与善、恶行为密切相连，贯彻始终，但与人的善、恶本性还是两码事。因为人的本性是先天的，是独立于人的意识之外的客观存在，是不学而能、不教而会的人的生理情欲本能，而知识却是人在后天经社会实践而具有，只能是人的善、恶行为的媒介和手段。因而善性与知识两者不可模糊而混为一谈，故"善也就是知识"的立论显然难以成立。只能说知识可以使人的善性得到升华和发扬，从而使人的善行达到完善的境界！再者，"知识即善"这种说法存在着片面性。因为知识的运用也不全都是善行，也有利用知识来损害他人的情况。可以说，知识是一把"双刃剑"，一方面可以造福于人类，另一方面也可以给人类带来巨大的痛苦和灾难。核武器和生化武器的研制和使用就是明显的例证。尽管如此，知识的运用总体来讲是趋向善的。人们从社会实践的经验中深切地体认到，人们彼此之间只有和善相处，分工协作发展生产，社会生活才能得到切实有效的保障。为了改善和大大提升社会和民众的福祉，需不断进行科学研究和创造发明，更好地开发和利用资源，这就是知识所能提供的最大的善行，也是社会发展和进步所必需的。但仍免不了有人专门利用知识来作恶。历史上的帝王权术，人的各种阴谋诡计、栽赃陷害等史实已是世人尽知。在当今社会，随着科技水平的提高，与时俱进利用知识做坏事的人也多了。技术型犯罪一般都具有较高的文化水平，甚至受过高等教育。他们利用掌握的知识、技能和职业上的方便进行各种犯罪活动。如电信诈骗、计算机网络欺诈，特别是网络病毒的攻击、制售毒品、伪造证件、印制假钞等。在这种情况下显然知识和善就不能画等号了，因为"知识"终归是人们社会行为的媒介和手段，而不是人的本性。

　　说到底，人是主体，只能是知识被人所用，绝不是人由知识来主导！当然，知识最大的功用还在于对善、恶实质的认知。

　　苏格拉底还提出，为恶出于无知，从而得出"无知是罪恶的一个首要根源"。我国现代学者黎鸣认同苏格拉底的说法，认为"无知是罪恶的重要根源。虽然古希腊哲人未明确指出人性本恶，但因为人生下来的'无知'状态,可以认为实质上已暗暗含有'人性本恶'的意思"①。对于这样的论断,笔者是完全不能认同的。就拿黎鸣先生所举的初生婴儿来说吧,初生的婴儿确实是处于无知(没有知识)的状态,但他们出于生理的反应,饿了要吃,困了要睡,不适会闹,稍大点,开心会笑,难道这些表现都是在作恶吗?人们显然不会认同。又如,弱智或被称作傻子的人,他们基本上也不会作恶去损害他人,不仅如此,有时还被别人戏弄。还有失去记忆的老年智障者,他们不但不会去作恶,反而会更多地被人同情和帮助。"那么无知是罪恶的重要根源"又从何说起呢?

根本问题是,知识完全是人在后天社会所获得,不是先天所固有,也不能与人的本性善画等号,这在本章中也有论及。所以笔者认为,为恶的重要根源均不是出于真正的无知。而实际情况如下:

(1)形似无知,实为借口。确切地说,就是假无知。如"二战"时期德国希特勒屠杀犹太人达600万之多。他们认为日耳曼人是具有优良血统的种族,而犹太人是劣种,有很大的劣根性。为了保证德国人血统的纯正性,就得把犹太人斩尽杀绝!其实根本原因还在于当时的犹太人凭借他们的聪明才智和努力从事商业和金融业,聚敛起大量财富而挤占了德国的经济,引起了德国人的嫉妒和仇恨,而为希特勒大开杀戒开了方便之门,这根本不是无知,而是明知故犯!又如美国小布什当政时期,为了控制中东石油而发动了对伊拉克的侵略战争,其理由就是伊拉克藏有大规模杀伤性生化武器。伊拉克当局当即表明自己根本没有隐藏生化武器,为了证明自己的清白,同意派国际小组开展调查。在国际小

---

① 黎鸣:《问人性》(下),上海三联书店2011年版。

组反复搜寻的过程中，美国还在不断要求扩大搜索范围，并不断提出销毁其长射程的重型武器以削弱其抵抗能力。而美中情局也暗中与伊军方高级指挥人员做幕后交易，约定美军进入伊拉克境时不予抵抗。与此同时，美国向中东地区接连不断投送大批兵力和重型武器装备，并在伊拉克周围海上布置了数艘航空母舰。待一切准备就绪后，就立即向伊拉克开战并迅速占领。这哪里是出于无知，明明是为争夺中东石油找到的借口，是明火执仗地进行侵占。从以上实例就可清楚说明，恶的根源根本不是出于什么"无知"，而是出于个人或集团的贪婪和占有欲，而恶性之人正是利用知识来进行各种欺诈掠夺来侵害他人。

（2）不求真知。确切地说是错误的认知，即对现实扭曲的反映，这是盲目自信所造成。如我国人口控制问题，新中国成立之初，我国有识之士如马寅初、邵力子等先生根据我国国情向国家建议，要节制生育以控制人口。但当时党的最高领导人却认定"人多力量大，众人拾柴火焰高，人口越多越好！"在这一错误思想影响下，我国一度生育失控，人口猛增，导致人口数量与社会经济和环境资源严重失衡，甚至影响经济发展，而使人们穷困生活一时难以改变和提升。直到1978年改革开放后，才有机会和可能推出"计划生育"政策来严控人口增速。造成这一过错的，并不是什么"无知"而是骄傲自大、刚愎自用的心态。又如，我国为了加快经济建设，1971年曾提出小而全地发展工业体系，要求全国各地举办小钢铁、小机械、小化肥、小煤窑、小水泥五小工业，结果带来了很大的负面影响，造成了严重的资源浪费和环境污染！这些都是不求真知而犯的严重错误。但这种无知也是不可原谅的，因为这本身并不是不可知，而是不愿下力气去追求真知罢了。在出台这样的政策之前，本应做好充分的调查研究并征求各方意见，特别是征求有关专家意见，最后做出是否可行的判断，但这些都没有照常识去做，就自以为是盲目上马。若从这一视角来看，也属于明知故犯。但这种不求真知的状况一般都是在不正常的背景和环境下产生的，具有偶发性和阶段性，并不具备贯彻始终的普遍性。不像人的善行或恶行始终伴随着知识的运用。

　　至于说，人都是趋向善的，没有人自愿趋恶或做他认为恶的事情，这种说法也存有很大的片面性。因为知善和行善往往是不同步的，不能等同而论。有的人知善但不行善，也有的人知不善却偏行，各种社会不良行为的现实就是明证，但人的恶行在大多数情况下都是明知故犯。相信大家也会有同感。

第 十 三 章

良知的呼唤

　　善与恶都是人与生俱来的天性，这已经得到古今所发生的普遍事实印证，这是辩驳不了的客观存在。虽然如此，但人在后天总是趋向善的。这是由于：一是人都具有同情、怜悯之心善的一面，从而提供了人们扬善抑恶的可能；二是人类具有高度的智力，在后天大多具有理性的认知，出于自身的生存和安全的需要，就得参与到社会群体生活中来。具体来说，为了获得物质生活资源，就得先学习和求教于他人，以提高自身的技能并参与群体生产活动；为了获得精神生活的需求，还得有一部分人从事文艺创作活动来满足社会和他人之需；为了获得个人和社会的和谐和安宁，也必须组织起来，这时政府组织机构也就应运而生，好集中人力、物力共同应对自然和社会对人类的威胁，同时还要维持好一个正常的生产和生活秩序，也需要政府进行管控和协调。当然，除了上述诸多因素外，人性在后天趋向善还在于社会对人的品德教育和法纪的制约而起到至关重要的保障作用。所以，要想真正获得一个和谐、安宁、美满的幸福社会，其中的关键就是要善待他人，进而形成彼此善待的和谐环境！所以，孔子早在2500多年前就首倡"仁者爱人"这一千古名言，包含了深厚的人生哲理，这可用地球生命起源来加以理解和印证。据北京天文馆展厅有关地质科学介绍：地球形成于距今约46亿年前，地球上的早期低等生命发现于35亿年前的古细菌化石，在经过漫长时期的过渡和进化并躲过数次灭绝的大灾难，直到2亿年前才有了高等脊椎的哺乳动物的出现，当属于地质时代三叠纪时期。而进化到原始人的出现，约在距今200万年前，而我国周口店北京猿人的出现是距今50万~60万年。可知人的生命形成经过了多么漫长和艰难的时期，且又同在一个地球村，这是多么的不容易，又是多么有缘分，且对每个人来讲却是人生唯一一次最后机缘。正如哲学家霍夫曼所说：生存必须被视为纯粹的机会，完全作为独一无二的奇迹而活着。我们必须认识到，它不可避免地只出现一次，非让我们由于它的不可代替性和独一无二性而庆祝不可[1]。就拿你这个具体人来说，能出生来到这个世界，也是经过诸多机缘和巧合才能实现的。况且，我们现在没有任何移居其他星球生活的可能和技术。只能群居在地球上组成人类命运的共同体。正如习近平所说："这个世界各国相互联系相互依存的程度空前加深，人类生活在同一个地球村里，生活在历史和现实交汇的同一个时空里，越来越成为你中有我、我中有你命运的共同体。"[2] 这应是习近平同志对人类

---

[1] 皮埃尔·阿多：《古代哲学的智慧》，上海译文出版社2012年版。
[2] 《人民日报》2013年3月24日刊发：习近平在莫斯科国家关系学院的演讲"顺应时代潮流，促进世界和平发展。"

良知最大的呼唤！因此，只有和谐共处，才能创建人们美好幸福生活。否则，彼此伤害，只能造成人民的苦难和灾祸，直至人类灭亡！若具有上述视角和心态，人类就理应相互友爱，和衷共济，共同创造美好幸福家园。这样才不辜负大自然给予人类的一切生存空间，才是人生命价值真正的体现！

人既然来到这个世界就得要把握自己、把握现时、把握现在，献出你的真诚来善待他人，同情和怜悯弱者。要知道善待带给他人的是愉快和幸福，而恶施则带给他人的是痛苦和怨恨。绝不要因为你的存在而给他人和社会增添痛苦和灾难！所以人生在世若不能给自己和他人创造幸福，反而让别人痛苦和悲哀，你不觉得是对作为一个"人"的亵渎吗？正如我国作家巴金晚年在他的《随想录》中所说的："人活着不是为了'捞一把'，而是为了'掏一把出来'！"这就是一个人品德高下的"分水岭"！人应从自然利他为自我实现的手段，而升华到自觉认识公共存在的人类命运共同体，从而能有意识地做到互帮互助达到共赢的目的，这是人的良知的升华！

笔者也曾想，人的生命是极其有限的，总归免不了一死，这是谁也逃脱不了的事情。因而活着时就应在追求自身幸福的同时也能为他人和社会做出应有的贡献。这样在你临终时，内心也会感到欣慰。因为回顾一生总算在人类群体中体现了你自身的应有价值。哪怕贡献出一小点也是值得庆幸的，因为你至少没有损人。相反，若一个人一生只顾满足自身私欲，并不断地干坏事来伤害他人和社会，在临死前，虽然自觉得意窃喜享受了人生，但在别人眼里，你只不过是个卑鄙的小人，人类中的败类，一个消失在人世间的蛀虫！况且一个损害社会和他人的恶人也终究逃不脱社会正义的谴责和惩治。

所以，一个人社会行为的正确选择，应像孔子对人所期望的那样："己欲立而立人，己欲达而达人。"（《论语·雍也》）也就是说，自己能在社会上站得住脚，需帮助别人也能站得住脚；自己想达到的理想，并要使别人也能达到，进而还应升华到助人为乐、无私奉献的境界，这就是一个人的善性发扬到顶峰的地步了！从这里也使人领悟到什么是爱，爱就是付出。最大的爱就是最大的付出。这是爱的源头，爱的真实内涵。

2400多年前的战国，墨学创始人墨子就曾呼吁人心中的道德准则要效法于天。他说："天之行广而无私，其厚施而不德，其明久而不衰……"（《墨子·法仪篇》）意思是，天的德行广博而无私欲，它给予人们的恩惠深厚但从不认为自己有功德且不要回报，它的光明是那样的经久不衰！这也是我们现今经常所说的"天地良心"！德国古典哲家奠基人康德也发出类似的感叹："有两样东西，越是经常而持久地对它们进行反复思考，它们就越是使心灵充满常新而日益增长的惊赞和敬畏：我头上的星空和我心中的道德法则。"① 因为宇宙运行才是最真实永恒的存在！并由此而引起人的内心良知的呼唤。只有人彻底醒悟，体认到是天地赐予了人类生存的空间，这种真实的信仰意志才能树立。因为人类的一切包括人类自身都是由大自然演变进化而来。由于天地运行创造了人的生命并赋予了人生存所需要的一切，人们就理应倍加珍惜，而善待人赖以生存的自然环境和人与人之间的友善关系，达到人和自然、人和人的和睦相处，共同创造美好幸福的生活，真正实现人间天堂乐园！这应是人的一种真实的信仰和追求！

---

① 《康德著作全集》（第五卷），中国人民大学出版社2007年版，第169页。

第四篇

扬善抑恶

篇首语

本书前三篇分别阐述了人性善、恶之争和后天人的善、恶行为以及人性的可塑和导向，但最重要的还在于对人性如何进行扬善抑恶上，也就是如何对人进行有效的治理，从而达到人与自然、人与人之间的和谐相处，共同创建一个美好幸福的社会。这是笔者最大的愿望，也是本书落脚之处。

自古以来，对人的后天治理就有两种对立的主张，一是德治，二是法治，形成了历史上的儒法之争。儒家的创始人孔子就主张以道德仁义治理民众。他说："道之以政，齐之以刑，民免而无耻，道之以德，齐之以礼，有耻且格。"《论语·为政篇》意思是说用行政命令来治理民众，用刑法来约束他们，民众只是为了避免犯罪而怕受到惩罚，但却无法除去他们对犯法的羞耻心理，若用道德来教化民众，用礼仪来规范他们的行为，民众就会有违法的羞耻之心而且能自知检点和改正。而晚于孔子的韩非子则持相反态度，就极力主张以法治国、以法治民。在《韩非子·说疑》中提出："禁奸之法，太上（最上等）禁其心（即邪恶的思考），其次禁其言（邪恶的言论），其次禁其事（邪恶的行为）……故有道之主，远仁义，去智能（排除才智、贤能治理），行之以法。是以誉广而名威，故明主之国，无书简之义（废除书简所记载的文献经典），以法为教，无先王之语，以吏（执法的官吏）为师……是境内之民，其言谈者必轨于法，动之者归之于功，为勇者尽之于军。是故无事则富国。有事则兵强，此之谓王资（称王天下的资本）。"（《五蠹》）

　　上述表明，儒家宗师孔子是主张德治而轻视法治；而法家代表人物则力主法治，而排斥德治。看来两者都有失偏颇，正如孟子和荀子在人性善、恶上互相对立一样，都存有片面性。因为德治和法治对国家和民众的治理来讲，是相互依存、兼用并行的，绝不可硬性割裂开来，只有将两者有机结合，才是根本完善的治理之道，若单靠仁义道德教化，是不能完全解决问题的，因为每人的经历和所处的环境，以及受教育熏陶都各不相同，品德良莠不一，千差万别，在这种参差不齐的基础上，要求人人都能自觉遵守社会公德、奉公守法，那是不可能办到的，更何况少数坏人，其本身就寡廉鲜耻，仁义道德丧失殆尽。所以，在实行德治的同时，就必须用政令和法律、法规对人们的言行严加规范，也就是用纪律和法律来进行约束，所以，德治和法治是相辅相成的，两者缺一不可，犹如车轮缺少一个就要翻车一样。当然，仁义道德却是衡量人的善、恶的标准，是法治的基础只有不断提高民众的道德素养，民众才能由内心感受到公正廉洁是做人的本分，违法是卑劣的行径。但法治又是德治的保障，只有法制的健全和公正才能有效地约束和规范民众的言行，以维护和伸张社会正义来保障德治顺畅地施行。这里还需要说明的是，现今，我们所讲的德治和法治与封建时代儒、法两家所说的是有较大的区别，因为儒家德治主张的是愚忠愚孝，即要求对君主和父母无论有理或无理的要求都要绝对地服从并切实遵循封建等级的礼制的说教。而现今的德治则是对人的品德熏陶，更多的是要求对他人和社会的真诚和对自身不良行为的约束；再说法家主张的法治其本质也是帝王之法，主要是针对下层普通民众的惩治，而对上层贵族和士大夫是不起制约效应，所谓"刑不上大夫"就是明证。而今天的法治是要完全体现社会的公平正义，在法律面前要实现人人平等的原则，使法律对人人起到普遍制约和惩戒的效应。

但是，根据以往社会实践证明，只靠德治和法治仍是不够的，还需加上监督和自律才行，只有将德治、法治、监督和自律这四者有机结合并举，才是现今对人性扬善抑恶的完善之道。现分别在以下各章专门加以阐述。

第十四章

德 治

德治：就是对人进行良好的品德教育，以发扬人的善良心灵，规避和遏制恶性发作。人的品德教育，历来都受到世人的极大关注，因为这是对人的善性发扬和恶性遏制最根本的途径。德治对法制来讲则是首要的，因为任何法律、纪律、规则的制定和执行都离不开人这个主体。在整个实施过程中，若人的自身品德不好则任何好"经"都会被念歪！在整个德育过程中应根据人处于不同的阶段和环境采取不同的方式和要求，予以实施。品德教育应是在三个不同环境中同时进行，即家庭、学校和社会。但这三者并非彼此孤立，其教育的影响和作用，是相互关联，相互渗透，相辅相成的。

一、家庭教育

从小的家庭教育，这是扬善抑恶对人性塑造最重要的初始阶段，也是最基本的德育。孩子一出生并不知道什么是好和坏，是好坏不分的。接触的就是父母的家庭环境，大人的一言一行对孩子都有深刻的影响。这时家长应切记自己的表率作用，不要有不良的嗜好和品行，以免影响孩子的心灵。因为这时孩子对自身行为的错、对判断都是以大人言、行为标准，所以大人端正的身教，对孩子的行为会起到良好的效应。举一个小例来说，第十三章曾提到的郭明义在2010年11月15日央视"身边感动"栏目中介绍说，他幼时深受父亲的影响，从小就爱做好事，因他父亲当时就是劳动模范，40年前曾在人民大会堂做报告并受到周总理的接见，而40年后做儿子的郭明义，也同样站在人民大会堂接受国家领导人的接见，这绝非偶然，而是有其内在必然关联的。做父母的平时更要注意不要在有意和无意中误导孩子。笔者有时看到有些大人要孩子说谎话，不好当面说而用眨眼睛来暗示，这时孩子看着大人硬是不解其意，做父母的曾想过否，你的行为确实在戕害孩子的纯洁心灵。

再有，要从小养成孩子的良好习惯。首先，在生活上就要孩子养成勤劳的习惯，不允许做事懒惰和拖延，孩子自己能做的事，家长绝不要包办代替。在学习上一定要求思想集中，不要浮躁、散漫。这些对孩子今后的成长都是非常重要的！

而对孩子的不良习惯和无理需求，就不能迁就妥协。但不能态度粗暴，采取打骂方式来解决问题，须耐心讲明道理予以纠正。现时，笔者想用美国家庭对孩子的教育方式给中国父母作参考和借鉴。在美国打孩子是违法的，一旦被发现，会受到法律的惩处。所以美国家庭对不懂事又不听大人正确劝诫的小孩，或犯过错，主要惩罚的方法仅是短时间限制其活动自由。如把他放在一个看得到的地方让他独坐，任其哭闹，概不理会，直至停止哭闹，才与之沟通，指出其错误行为，告诫下次不可再犯。这样，从小就抑制其任性胡来。正如18世纪德国哲学家康德就曾说过："对孩子的要求，如果没有充分的理由加以拒绝，就应该给予满足；如果有不答应这种要求的理由，那么就不允许他耍赖。一旦拒绝就不要改变。"可见对待孩子也得讲理，同时，孩子无理，也不可以迁就。还需注意的是不可以错怪孩子。更不应将自己的不愉快迁怒到孩子身上。孩子表现好的地方还应及时表扬和鼓励。总之，要给孩子一个相对宽松的环境。但也需切记不要对孩子溺爱而成天"心肝宝贝"喊个不停，要把爱放在心里，就是能关注到孩子的冷、暖，饮食营养，卫生以及生活安全就行了。

早在2300多年前，我国著名思想家荀子就曾这样告诫过："君子之于子，爱之而勿面，使之而勿貌，导之以道而勿强。"（《荀子·大略》）这就是说，优秀的父母对于子女，疼爱他们而不表现在脸上，使唤他们要端庄严肃，用正确的道理来引导他们，但要有耐心而不强迫。再是要养成孩子动手做事的习惯。凡是他自己可能能做的事就让他自己去做，父母不应去代劳。从小养成爱劳动的习惯，这对孩子的成长和将来步入社会都是良好品行的培养。若是娇生惯养，除了养成孩子诸多不良习惯外，大多是不想好好学习，成年后也多是没出息，在社会上无所作为，有的竟成啃老族，笔者已在某些亲属子女的事例中得到印证。所以，溺爱不是在爱孩子，实质是在害孩子！家长们需要切实注意啊！因而现时又有人极力主张对子女的教育应该从严。如美国耶鲁大学华裔教授蔡美儿在其《我在美国做妈妈：耶鲁法学院教授的育儿经》一书中就主张：对子女应有压力，要严加管教。她对自己两个女儿的要求是：除了体育和戏剧课外，所有的课程必须得第一名，不准练钢琴和小提琴之外的乐器，练不好琴就不准吃饭；不准看电视，不准玩电脑游戏，不能自己选择课外活动等。此书一经出版立即引起美国社会的震惊，随即给蔡美儿教授起了一个"虎妈妈"的称号。与此同时，中、外媒体热议，有的赞同，有的反对。美国知名科技博客［Business insider］就发表了一篇题为《为何中国家长比美国家长强》的文章。该文章指出，如果家长的目标是让孩子成为做事效率高的成功人士，那么中国妈妈无疑比多数美国妈妈更胜一筹。文章认为，中国家长的严格教育和强烈的竞争意识，与美国家长的溺爱与温和形成鲜明对比。如果美国妈妈继续纵容懒惰、毫无自律却总是期待被赞誉的下一代，不难想象终有一天美国要在全球竞赛中被中国击败。但美国儿童心理学家却对此持不同意见。他们认为，如果将成功简单地定义为"高分""获奖"，那么教育出来的孩子肯定是"疲惫不堪的""能力低下的""不健康"的儿童。

笔者认为，对子女的教育还是宽、严相结合为宜。走孔老夫子"无过无不及"的中庸之道，也就是"严父慈母"的中国传统家庭教育模式，这样比较有利于孩子的成长，现在就可举一个实例来予以印证。现时我国节目主持人董卿，她从小就是在父亲严格教育下成长的。据董卿自己介绍，她从小学开始父亲就要求她帮助做家务，一日三餐后的碗筷都由她来清洗。读高中时的每年寒暑假，别人的家长大多忙着替孩子找各种补习班或带出去旅游，而她的父亲则忙着向各大宾馆打电话，询问需不需要清洁工？声称不要报酬，是免费服务。待女儿上岗后，还向宾馆主管打招呼，希望严格要求。平时在家时，父亲还不让她常照镜子，并风趣地说：长得不好看，老照干什么？现今，董卿从中央到省市电视传媒，工作能做出如此骄人的成绩，与她严格的父教是分不开的。最近蔡美儿在接受媒体走访时也坦承，其实最理想的教育模式，应该是在中国式和美国式教育上取得平衡。

对孩子的品德和爱心教育，德国做得也是比较好的。这里有一篇刘锴先生2011年2月16日刊登在《青年参考》上的《德国推崇"善良"教育》的文章。他介绍说："在德国，孩子生下来后，父母最需要做的是两件事，一是教育孩子学会自立，二是教育孩子从小有爱心，进行'善良教育'。这种'善良教育'从爱护小动物开始。"在德国，很多家庭有意饲养了小猫、小兔、小狗、金鱼等小动物。作为教材，让孩子在喂养过程中增进善待生命的怜爱之心。同时家长还经常带孩子到养老院、贫民区等地方，鼓励孩子为老人们服务，如洗衣服、打扫卫生或为生活贫困的人赠送礼物、食品等，来引导孩子关注和帮助弱势群体。这些举措对培养孩子心灵的良知是很有助益的。

当然，还需特别提出的是，要使孩子得到良好的家庭教育，还得使孩子处于一个和睦的家庭氛围下。若是一个家庭父母双方感情不和，经常吵闹，打架或者一方或双方有酗酒、赌博等不良嗜好，在这种情况下，不仅谈不上受到良好的教育，相反对孩子身心会造成很大的伤害，往往诱发孩子误入歧途，甚至走上犯罪的道路。据北京市海淀区法院少年法庭庭长尚秀云亲自审理过的629名未成年犯罪情况来看，她发现"问题少年"往往是"问题父母"产生的，在每7个编造谎言犯诈骗罪的少年中，就有6个家长不诚实；每14个偷拿他人财物的少年中，就有13个家长崇尚金钱、贪小便宜；每15个持械斗殴犯故意伤害罪的少年中，就有12个家长性格粗暴，爱与人争斗，动辄打骂孩子（详见《北京晚报》2017年5月13日第18页，记者陈滨文）。可见不良的家长对孩子的心理伤害之深！总之家庭教育的好坏几乎影响孩子一生善、恶的走向。做父母的要时刻警觉啊！

二、学校教育

这可分为几个阶段，即幼儿园和小学阶段，中学阶段和大学阶段。在这三个阶段中德教的内容和要求均有所侧重。

幼儿园和小学时期教育。这时的孩子对周围环境认识还是模糊的，处于似懂非懂时期，这恰是塑造人性善良的大好时期，关键是幼教和小学老师的人品和教学能力问题，也就是教学质量问题。所以幼教和小学老师的人选，应一律招聘师范大学本科毕业生，待遇一定要从优，要高于同级的公务员工资水平，且农村还要高于城市。同时，有关教育部门和主管领导也要不时对老师的品行和教学效果进行考评。优秀的给予奖励和提拔，一般的要督促改进和提高，不合适的要辞退。幼教和小学教育阶段，除了传授知识外，要着力于品德教育。这可从日常点滴小事做起，要求孩子能够相互友爱、爱护公物、尊敬老师、说话诚实。对不良的习惯和行为要及时纠正不要轻易放过。特别要和家长联手禁止小学高年级和初中学生迷恋网络游戏，一旦上瘾就会放弃学习隔绝与同学正常交往，整天迷在游戏机上而不能自拔，自身必将失去控制，这时家长再想纠正却是难于上青天了！家长们要切记，一定要防患于未然！

中学时期的教育。这是孩子从少年步入青年的时期，也是人的品格逐渐成形期，是人性可塑性的重要阶段。德教的重点，应培养学生勤劳、好学、爱护公物、尊重师长、尊重他人、团结友爱互助的精神。同时，应鼓励中学生在暑假期间走入社区参加公益服务，以增进对他人和社会的爱心。在美国就要求中学生必须做一定时间的义工，以取得社会工作证明，这样才能领到高中毕业证书。而上大学同样要有做义工的证明文件，否则将不被录取。且做义工的时间越长，越容易被学校录取。

我们教育部门也可参考此一制度。在中学阶段对学生就要加强法制宣传教育，教导学生要遵纪守法。

大学时期的教育。进入大学阶段，可以说对人的品德培育应是一个转折点。在此之前对其品性的塑造，主要靠父母和学校老师的教育，而进入大学之后，已经成年，已有独立认知能力，知道自己的行为怎样有利于或有害于他人和社会。这时教育要着重加强对他人，对社会的责任感和正义感，要确立正确的人生观和价值观，要开展志愿者（许多国家称作"义工"）社会活动，以回报社会，报效祖国的雄心壮志，假期要鼓励学生深入农村或社区从事公益服务。同时，要求严格遵守校风、校纪，对品学兼优的大学生要给予应有的表扬和物质奖励。对少数行为不良的学生要进行劝导，不改者要给予处分，直至开除。要严防社会上不良分子混入校园进行非法活动，也要严加注意防止学生在社会上沾染不良生活作风带进校园。发现问题及时处置，总之，管教要从严。

最后，在德治中要关注传承中国5000年优秀文化传统。有选择性地读一些古代经典著作以提高自身的文化素养，并能背诵一些古诗、词，这对陶冶一个人的性情都有很大的益处，也是一种精神上美的享受。

三、社会教育

社会教育面对的是广大社会人群，即对民众进行品德素质教育，以养成诚实淳朴的民风。这就得先在社会上树立正气，打击歪风邪气，以实现社会的公平正义。这需要公安、政法部门与新闻媒体相互配合，大量宣传好人好事和英雄模范人物先进事迹，为人们树立学习的好榜样。现今，社会上正大力开展学雷锋活动，这是提高民众品质素养和道德水平的一个极好途径。为了持久开展和收到最大的实效，笔者认为，一是学习雷锋也要与时俱进，不是把雷锋本人捧为崇拜的偶像，而是主要学习雷锋的无私奉献和助人为乐的精神；二是不要认为学习雷锋只是青少年的事，而是人人都要学习，特别是各级领导干部要带头学习，这样就能起到极好的示范作用。同时还需经常举办报告会、展览会进行面对面的宣传教育，还要大力借助小说、影视、戏剧、音乐、美术等文化艺术的力量来引发人们的良知，净化人们的心灵，这就要求作家和大师们能出好的优秀作品，使人们在阅读和欣赏的同时收到良好的教育目的。做到寓教于乐。另外，也要充分揭露社会上所发生的一切坏人、坏事，把他们的丑行暴露在光天化日之下，各级法院也要及时公布各类犯罪案件审理情况和判决结果，起到警示和震慑作用，以达到遏制人们的恶性发作。对于人的品德素质教育还可引导人们在实践中予以施行。这可从身边的小事做起，如乘车排队和上车让座，不随地吐痰、乱扔垃圾等，这虽是生活小事，但能促进我们遵守秩序，礼让和关心他人品德的培养，此事虽已提倡多年，但从全国来讲虽有进步，但各地区差别还是很大，仍须大力倡导，只要坚持不懈，终会养成良好风气。

开展扶贫帮困活动，特别是对遭受灾害地区和民众，伸出你的援助之手，捐钱、捐物，特别是帮助贫困家庭的子女就学等。

开展各类社会公益活动，鼓励人们以志愿者身份参与，以树立为民众服务的荣誉感，等等。

上述举措都有助于培养和提高人们的良好品德，以达到扬善抑恶的目的。

第十五章

法　治

　　我们是社会主义国家，社会主义的性质就是以人为本，其宗旨就是为全民谋福祉，使人安居乐业。政府肩负着全心全意"为人民服务"的职责。所以国家制定的法律，自然也是维护人民合法权益的利器。

　　法治，就是根据国家所制定的法律、法规来治理国家和社会。就法治的功用而言，就是运用法律和纪律的手段来保障正当合法的好人，惩治和约束违反法纪的坏人，以维护社会的公平和正义。法治产生的根由，还是在于人的"情欲"本性中藏有贪婪和占有欲的恶的因素。当然，这种利己的私欲，只要是出于人们生活本能的需要，且又不对他人和社会构成侵害，则理应属于人性的正当范畴，是人性的自然属性。但有些人对自身本能的需求，不能适可而止；往往在社会环境权、钱、色等的诱惑下，不能克制和自我约束，就会形成恶性膨胀无限索取，而对他人和社会就会造成侵犯和危害，此时就必须动用法纪的手段来强加约束或制裁，这应是法治的由来和功用。

《中华人民共和国宪法》是国家的根本大法，依法治国，就是依据我国所制定的《中华人民共和国宪法》治国。但要想完全贯彻实施，人人共同遵守，就得全国上下具有强烈的法治意识，这除加大普法宣传教育外，最重要的还在于国家法治体系的完备，并严格按法律程序运行，使法律具有不可侵犯的权威性。做到凡事有法可依，一切依法办事。

（1）要使民众对法律抱有信心产生信赖。这就先要做到司法要公，执法要严。对违法者无一例外地依法给予应有的惩处。彻底铲除"刑不上大夫"的封建思想残余。如2012年中共中央对中共政治局原委员、重庆市市委书记薄熙来严重违纪违法行为作出开除党籍、开除公职的决定，并移送司法机关依法处置，就深得民心，得到人民群众的坚决拥护。为此，《人民日报》还曾专门于2012年4月11日发表了本报评论员文章。文中突出写道："我国是社会主义法治国家，法律的尊严和权威不容践踏。不论涉及谁、职位多高，只要触犯党纪国法，都要严肃处理、绝不姑息。法律面前没有特殊公民，党内不允许有凌驾于法律之上的特殊党员，任何人都不能干扰法律的实施，任何犯了法的人都不能逍遥法外。"

笔者则进一步体认到对于具有人民正当合理性法律对维护人类公平，正义来说，其权威应如天大。任何政党、团体和个人其权限均不得超越法律之上，都要置于法律的制约监控下施行其应有的职权。一句话，只有法大，这样才能真正体现依法治国治民的愿望和要求，自然也就会得到群众对法律的信仰和拥护。

（2）要使民众畏法，特别是官员不敢以身试法。正如上文引录"评论"中所说：法律不论"涉及到谁、职位多高，只要触犯党纪国法，都要严肃处理、绝不姑息"。这就表明在法律面前人人平等的原则。也就是说，上至最高领导下至平民百姓，只要犯法都要以法律为准绳，应毫不迟疑，绝不手软依法予以惩治。司法部门也要勇于排除一切干扰，并将案件公开审判，将违法实情公开化，彰显法律的严明公正性，同时也是对违法者的一种震慑。

可是，在我们目前的现实生活中，法治方面还存在太多的缺失和弊端。诸如，执法不严，司法不公，以权代法，以言代法的现象时有发生。这不能不说现时有一些官员头脑中仍残留着过去封建社会的官、法不分，以官治民的思想意识在作祟。不了解甚或蔑视法律所体现的天赋予民的公平和正义的权力即人民大众应普遍享有的正当权益是不可被侵犯和剥夺的。然而这些官员就是要反其道而行之。主要表现：有些官员直接介入司法，予以干预，有的官员为了自身或地方集团利益，公然依权抗法，拒不执行法院对案件的裁决。对这种公然抗法行为，就必须予以制止，并对主使者绳之以法。因为这是维护民众的公平、正义和对人的抑恶扬善所必需的正义行动。

（3）依法执政，严格执法。这就要求各级政府官员必须在法律制约和监督下行使其职权，若有违反定将受到法纪应有的处分或制裁，以彻底铲除人治，实现法治。若得不到有效的施行，虽然制定了完备的法律、法规和党政领导的屡屡强调和指示，也是无济于事。正如习近平主席所说："有了法律不能有效实施，那再多法律也是一纸空文，依法治国就会成为一句空话。"（2014年1月7日在中央政法工作会议上的讲话）这关系到知与行的统一，在历史上向来是一个很纠结的难题。从知与行顺序来说，应是知在先，行在后，因知是指导行的；而从实效来说，知的目的在于行，要知行合一，明知而不能得到行，那纯粹就是个忽悠，等同是一堆废话，一纸空文。因而老百姓最期望的，就是政府所颁布的法规、政令都能如实兑现，说话算数，说到做到。但现今却使人留下了太多的遗憾！有鉴于此，习近平主席也曾发出过警告："有的有令不行，有禁不止，搞'上有政策，下有对策'合意的就执行，不合意的就打折扣，搞变通。"（见《在群众教育实践活动上的讲话》）现时有的领导自身就带头不遵守。有鉴于此，就应严加管控，对不遵法，不守法，不执法的人，应依法严加惩处。

只有不断排除在施法过程中的各种弊端，才能使法律发挥其应有的作用，有效地来惩治恶人，保护好人。

现时，为了及时和稳、准、狠地打击各类犯罪分子使他们难以逃脱，也就是人们通常所说的"法网恢恢，疏而不漏"。对犯法分子无论大、小除恶务尽。诸如，杀人、放火、抢劫、强奸、组织卖淫嫖娼、拐卖妇女儿童、贩卖毒品、黑社会组织头头、电话诈骗团伙，以及小偷小摸，倒卖票据，制售假证，制作假烟假酒以及各种伪劣食品、销售淫秽的黄色书刊，网络传媒的色情文字和图像、色情演出、赌博、票贩子等都要毫不手软地依法惩治。这就是对人性的扬善抑恶在法治领域内的重大举措。但除此之外，依据我国目前实情，还需特别单独提出以下几个关系到全民生活福祉问题须加以专题论说：

（1）在环境保护方面。保护生态环境就是保护人类的生存空间，起码得让人民能喝上干净水，呼吸上没有被污染的空气，能在一个良好环境中生存，这样才有可能持续发展和取得社会进步！否则哪里还谈得上什么小康社会？所以，环境的优劣不仅直接影响到当前的国计民生，而且关系到子孙后代的福祉，是民生一体的大事！因此，单位、企业和个人造成严重空气和水质污染、破坏环境生态平衡的，均应是犯法行为，需要严加追究，绝不能姑息迁就。

虽然改革开放后，自1979年国家就开始试行《环境保护法》，但令人遗憾的是该法对企业和个人违法行为处罚得过轻，对地方政府相关责任人的过失追究欠缺，环保法起不到震慑作用，故群众讥评为"挠痒痒法"。致使有些企业无视法律法规，认为反正违法所付的代价很低，而守法的成本却是很高。所以，有些企业不愿意在环保设施上投入资金，就是环保设施配套齐全的，有的企业也往往停止运行而采取偷排、偷放等违法行为，查到了，大不了罚点款了事。加上有些地方政府监管不到位，问题处置不果断，有的甚至对污染企业睁一只眼闭一只眼，采取不管不问的态度，尤其恶劣的有少数环保部门和个人收受贿赂，对企业的违法行为进行包庇纵容。由于上述诸多因素从而造成一些恶性事故屡屡发生，而受害遭殃的却是广大人民群众！

记得早在2005年6月15日央视"午间新闻"曾报道过渭河和汾河水质遭受严重污染的景象，让人触目惊心，令人愤慨！当时屏幕上出现的汾河沿岸民众因河水被污染，发生吃水困难，庄稼收成无望，部分农民得了怪病，那种无奈的凄切表情！不知造成此种灾祸有关负责人看了以后，内心是否有愧疚和有负罪感？

笔者认为，要切实贯彻和执行"生态文明建设"的各项举措和要求，今后政府就应先对造成破坏环境的生产企业和有关责任人，要严加追究。当关的则关，当停的则停，当拆的则拆，当坐牢的则坐牢，并限期整改。若不能首先做到这些则"生态文明建设"又从何谈起。所以，在环保执法方面一定要铁面无私，无情面可讲，这里可套用毛泽东的一句名言：对环境破坏者的仁慈，就是对民众的残忍！

为了使环境得到切实有效的保护，还需明确各级政府和官员必须承担相应的责任并逐级签订相应的责任书以便监督和检查，失职的一定要予以追究，严加处置。总之一句话，重在落实。今后应在严格执行上下足功夫！

当然，对环境保护也不单是政府部门一方之事，而是需要人民大众的配合和参与。拿一件习以为常的小事来说，现在还有不少人仍然在随地吐痰和乱扔杂物、烟头，若在新加坡是会受到严厉处罚。这种恶习是应当到了非解决不可的时候了。正如《辩证看务实办》一书中所说："环境保护是涉及人人的事业，必须动员全社会参与……每个公民、每个家庭、每个单位、每个社区都要从自身做起，自觉遵守环境法规，从力所能及的事情做起。"这是环保的基础，是环境保护的关键环节。现时，环保问题已为越来越多的民众所关注。

目前，环境污染虽有改善，但形势仍不容乐观，可以说是任重而道远。现时多个省市的雾霾天气，在很大程度上还是"靠天吃饭"，靠老天刮风驱散，根治尚待时日。老实说雾霾已在很大程度上影响了百姓的情绪，并为今后的生活担忧！正如公众所说："雾霾使人看不清近处，又怎能使人看到未来？"再是，污染环境的违规行为仍在不断发生。就像2016年上海发生的有人用船不断把上海的建筑垃圾偷运太湖边倾倒就让人颇感惊讶。有些江、河污染仍相当严重。因此，保护和改善生态环境应是刻不容缓，期望各级环保部门要有"一万年太久只争朝夕"的狠劲和决心来保护好生态环境。习近平同志就曾语重心长地指示："环境就是民生，青山就是美丽，蓝天也是幸福。要像保护眼睛一样保护生态环境，像对待生命一样对待生态环境。"（《十二届全国人民代表大会第五次会议代表审议会上的讲话》)既然全国领导人把话说到这个份上,各级政府领导就应毫不犹豫地对各种破坏生态环境的行为予以重拳出击,严惩不贷!这也是对民众的最大善举。为此,国家在2015年出台了一部被史上称为最严厉的"新环保法"。这当然是一件令人称快的大好事。但笔者仍然认为,最最重要的还是在于认真彻底的贯彻执行上,若在这一环节上得不到有效保证,也定将令人沮丧和失望。建议国家成立环保警察以保障环保法顺利施行。这里要顺便提出的,就是未来的城市和广大农村的生活垃圾和粪便处理,也应及早作统一安排和筹划,并为此立法。这也是改善人们居住环境重要的组成部分。国家在这方面也应加大科研和投资建设力度,做到科学处理和利用。这是造福子孙后代的庞大的系统工程。其影响是深远的,现时就需着手去做。

总之,我们绝不能以污染和破坏环境为代价来发展经济。那样做实质是在牺牲当代和后代的生存空间,也是民众所不能容忍的。

(2)现时正在大力开展的打击官员的贪污受贿方面。贪污受贿和公开抢劫一样,都是赤裸裸地暴露出人的贪婪和占有欲的恶性膨胀,是人性恶在金钱占有欲上最恶劣的表现。而官员的贪污受贿的最大特点是权为私用。就是利用自己所拥有的权力进行权、钱交易,附带的还有权、色交易。落马的大贪污犯江西省委书记苏荣忏悔时曾毫不掩饰地说:"家是权、钱的交易所,我就是所长。"如最近2017年6月新闻媒体披露的大贪污犯,安徽省原副省长陈树隆,其贪污数额之大确实让世人震惊!执法人员在其家中搜出现金及存款463亿元、黄金329公斤还有众多珠宝首饰,另有房产135套、豪华轿车82辆,总资产达600亿元之巨。官员的贪腐不仅是对金钱索取和占有的问题,而是对一个国家政权的深度腐蚀,是社会的最大蛀虫,并破坏民众对国家未来的信心,其危害特别巨大！给社会和民众带来巨大伤害。诸如，过去一些地方县、乡、镇干部由于收受了私企老板的贿赂，竟允许不符合环保和安全生产条件的小选矿厂和小煤窑进行滥肆开采，以致造成空气和河流的严重污染以及众多农民工的死亡。而在此之前，地方有关当局就一直装聋作哑不管不问；有些开发商用金钱贿赂地方有关官员，形成官商勾结，往往以廉价征购土地和拆迁补偿使农民或市民顿失土地和房屋而陷入穷困潦倒的生活窘境，而有关利益集团则大发横财；有些厂商贿赂采购单位主管以推销劣质产品；有些建筑承包商用金钱贿赂各方"诸神"为其使用劣质建材和偷工减料"大开绿灯"，因此造成不少"豆腐渣"工程；有些贪腐人员进行买官卖官的肮脏权钱交易。更有些"官二代"完全凭借其老子的权势大肆侵吞公有资财，使用各种卑劣手法化公为私大发横财，至今尚有少数还未公开揭露和追查！当前老百姓最痛恨的就是官员的贪污腐败了！因为贪腐行为不仅使国家和人民的利益受到伤害，而且败坏了政府的形象，削弱了人民对政府的信心，打击了群众的情绪。过去人们说，大官大贪，小官小贪。现如今小官也能大贪。据2014年1月13日《新京报》一篇报道：秦皇岛北戴河供水公司一个小小的副处级马超群竟贪污了1.2亿元现金和37公斤黄金，68套房产。成了史上小官大贪的典型。却真正成了一条蛇小毒性大的害群之毒虫。

以上，可以清楚地表明，贪官们凭借手中所拥有的权力不会放过任何可乘之机来大肆搜刮钱财。为此，就要进一步加大对贪腐分子的打击力度。正如习近平同志在《十八届中央政治局第五次集体学习时讲话》中所指出：要"保持惩治腐败高压态势，做到有案必查，有腐必惩。要严格依法查处各类腐败案件，坚持'老虎'、'苍蝇'一起打"。但为了防止和遏制贪腐发生，还得要从源头抓起。这就需要对官员的权力严加管控，使之不能以权谋私，并依法对官员的行为实施有效监督！同时要求各级领导要洁身自好，廉洁奉公，发挥示范表率作用，真正做到"打铁就要自身硬"。

总之，要从监督和法治两个方面入手强化对公权力的制约，使拥有权力者在舆论监督和法律的威严下而不敢伸手，并造成"莫伸手，伸手必被捉"的高压态势，而对敢于伸手者也必予以追究惩治！

过去有人用"高薪养廉"来遏制腐败，现时看来并未取得多大的成效。对于工薪问题，还是应坚持按劳取酬、多劳多得的原则。即根据职务和贡献给予相应的薪金，还可根据个人的业绩每年发一次年终奖金，对有重大贡献者则给予重奖。但廉洁绝不可以用金钱购买！对于不能廉洁自守而贪腐者，只能绳之以法。

以上列举的各种罪恶行径应是目前对社会和民众危害的最大方面。狠狠惩治和消除这些罪恶行为，是遏制人的恶性膨胀的有效手段，也是巩固国家政权所必需，更是公安、监察、司法部门的光荣职责！

（3）在食品安全方面。食品安全关系到人民群众的生命和健康问题，也是政府最为关注的。需健全食品安全保障机制和加大对违反食品安全者的打击力度，才能予以保证。现在，制假、售假问题仍相当严重。如制造假药、劣质保健品、假酒以及地沟油、病死禽、肉，被污染蔬菜瓜果、不合格的奶粉和毒胶囊等。所有这些严重危害民众健康的恶行，一旦发现就要追究到底。不仅要罚他个倾家荡产，而且对不法分子和单位还应依法严惩。正如习近平同志所说："能不能在食品安全上给老百姓一个满意交代，是对我们执政能力的重大考验。我们党在中国执政，要是连个食品安全都做不好，还长期做不好的话，有人就会提出够不够格的问题。所以，食品安全问题必须引起高度关注，下最大力气抓好。"（2013年12月23日在《中央农村工作会议上的讲话》）笔者进一步体认到，只要各级公职人员就像对待"特供"食品一样认真负责民众的食品产、供、销，则食品安全问题就会迎刃而解。

（4）在家庭暴力方面。这方面过去往往被忽视。主要是受到家庭、亲属这层隐私关系所掩盖，所谓"清官难断家务事"。由于很少受到外界的干预而助长了这种家庭暴力屡屡发生。随着各种传媒的不断曝光和司法的介入，越来越多的人认清家庭暴力的严重性。有些施暴者的残忍真让人触目惊心！

为此，农工民主党中央曾在2012年3月召开的十一届五次人大会议上就发出呼吁，对严重家暴应提起公诉。在提议中说："据介绍越来越多的恶性家庭暴力事件表明，仅仅依靠行政处罚和自诉已经无法应对日益蔓延的家庭暴力现象，发生在北京的女青年董某某遭受家暴8次报警无果，被打致死的案件就是其中的典型。应把遭受殴打、虐待等家庭暴力行为的受害妇女纳入法律援助的对象范围。规定把使用器械，反复施暴等情节严重的家庭暴力现象作为公诉案件办理。"（见2012年3月9日《北京日报》，记者孙颖报道）同时政协委员也提出应制定反家庭暴力法。可见家庭暴力现已引起社会各界的高度关注。所以，对这种丧尽天良的施暴分子必须依法严惩，绝不宽恕！

第 十 六 章

监　督

因为人的本性具有对物质生活的占有欲，为了防止一些品质低下而不能自律的人过度占有而侵害他人，实施有效的监督就成为一种必需的手段。而监督也必须形成制度化、常态化。特别是对手中握有权力的人的监督尤为重要。因为现实生活中所发生的违法乱纪的事很多是与权粘连，就是权为私用，以权谋私。最近，习近平同志在一次中纪委全会上的讲话，真是一语中的，掷地有声。他说："要加强对权力运行的制约和监督，把权力关进制度的笼子里……各级领导干部要牢记，任何人都没有法律之外的绝对权力，任何人行使权力都必须为人民服务，对人民负责并自觉接受人民监督。"（见《依纪依法严惩腐败，着力解决群众反映强烈的突出问题》，2013 年 1 月 23 日）

这里让我们先举一个实例来说。最近《中国老年》刊载了一篇有关权力监督的文章——《当权力没有人盯着的时候》。文章开头说："美国洛杉矶境内的贝尔市的一个捡破烂的老妇，在拾到的废报纸中发现了政府和议会的工资条。令她震惊的是，这样贫困的城市，市长的年薪高达79万美元（比现总统奥巴马的年薪还要高得多）助理执政官的年薪也有37.6万美元，而市议会议员也统统10万美元。在美国这类城市除警察局局长是全职的外，其他市府官员多半是兼职，而市议员一律都是兼职，一般只能拿津贴400美元。在美国相当一部分教授年薪大抵也就在10万美元。而他们为什么能拿如此高薪呢？原因就在于地方自治，没有人在后面盯着的情况下，市政府和市议员就可以任意给自己加高薪。"

接着作者又指向了国内，他说：在我们现有体制下，政府官员给自己加工资的事情应该不会出现。但是民众对官员的收入仍然有种种说法。原因很简单，由于没有确保官员财产公开的阳光法案，官员收入以前也是一个没有人盯着的领域。中国官员固然不能给自己加薪，但有些官员却可以通过其他民众看不到的方式为自己谋取利益。一些官员收入不高，但有华屋可住、豪车可乘、名牌可穿、天价烟可以享用，实际好处比那些厚着脸皮给自己加薪的美国地方官可能还要多。最后，作者得出的结论是："政府的权力，本质上是一种具有自我膨胀本性的东西。只要有可能，它就会膨胀，自我扩张，同时也自我逐利……若要权力不自我逐利，唯一的是监督，没有人盯着的权力，就是一个无法无天的权力，在中国如此，在美国也一样。"[①]

可见，对权力的监督是何等重要。而这种监督就得先从政权高层领

---

① 张鸣：《中国老年》，2010年第12期。

导人开始。因为凡具有权柄的人,特别是重权在握的人,若失去有效的监督和制约,在某种环境和条件的诱因下,往往会给社会和他人带来更加严重的伤害。干部的权力制约和监督应是天经地义,理所当然的。因为任何权力都应来自人民群众,人民的诉求,就是权力拥有者的责任和义务,就是权为民用,是否得到忠实地履行,这除了自身能恪尽职守外,最后就得靠人民的有效监督!根据历史的经验和过去的惨痛教训,要防止和杜绝权力拥有者滥用权力,为所欲为的行为发生,笔者认为需从以下几个方面加以监督和制约。

一、政府系统体制监督

这需从纵向、横向两个方面予以完善和加强,形成交叉监督网络体系,实现监督者同时也是被监督者的局面,使监督不留空白。

(一) 纵向监督

首先是人民代表大会组织机构及其代表对政府的直接监督。监督各级政府行政部门是否依法行事,忠于职守。发现问题及时督促整改。对不称职或严重玩忽职守的领导干部,按程序予以罢免。而各级人大常委会成员也须接受全国各该地区人大代表的监督。当然,各级人大代表则须接受各选区人民的监督。人民群众也要遵纪守法和社会的公共道德。其次,政府机构内部要实行自上而下和自下而上的监督。这可通过民主生活会、问责和检举揭发等方式进行。

为了体现人大能真正代表全国人民施行职权,实现人民当家做主的意愿。笔者认为,现时尚需做以下若干改革和完善:

其一,人大代表组成人员应作适当调整,应以工、农、商、学、兵以及学者和科研人员为主体。这样就可以就近及时倾听代表们的意愿和建议，更好地进行交流来共商国是，并通过代表增加与民众的亲和力。

其二，人代会各级机构的领导干部要防止和督促其代表的不作为。因为人大代表是传达人民的意愿和心声的，要有能力尽到自己应尽的职责。所以代表们在举手表决时，不仅要动手更需要动脑，即要用自己的良知来思考，是否赞成或反对。同时也要杜绝少数代表只会应声表决的"摆设"，因为人大代表终究不是单纯的"荣誉"席位，而是肩负着人民托付的神圣使命。

（二）横向监督

政府权力机构和官员除了垂直监督外，还需建立一个横向的相互制约机制，以便起到相互监督的作用。如检察、司法和政府就需有相对独立的权限，这样才能及时有效地予以监督。但要将监督功能完全落到实处，不仅对官员同时也要对每一个公务人员实施相应的法规监督。

就拿公、检、法部门来说，无论是执法也好，司法也罢，都要通过具体人员来操作，当然，绝大多数员工都具有良好品德素质，但我们却不能全都寄托在这种良好愿望上，因为事实上确有不少执法人员知法犯法，这也是屡见不鲜的事情。2010年9月北京市人大常委在审议市高级人民法院和市检察院报告中就曾提出"要严肃查处隐藏在执法不严，司法不公背后的职务犯罪"就是明证。当然这也不奇怪，虽然检察、司法人员理应秉公执法，但他们本身也是人，也有七情六欲。其中少数人若是私欲恶性膨胀而又不能自律，在失去有效监督机制下，就照样会知法犯法，其性质则更为恶劣！具有讽刺意味的是，最近（2011年11月3日）美国《世界日报》报道一则新闻，披露一个毕生专职审理虐待儿童的法官竟然关起家门虐待自己有智力障碍的小女儿。这真是具有极大的讽刺意味！从这里也可以窥见，不论任何人，也不论个人拥有多少光环，监督都是不可或缺的。

最近中国台湾也不断传出司法执行部门的丑闻，不少法官收受贿赂，以致发生不少审判不公的案件。为此中国台湾当局已制定了"法官法"，用来监督和制约司法人员的公正廉洁。

此外，现时还需特别谈到民主党派的党外监督。这也是横向监督非常重要的一环。执政党与民主党派是"肝胆相照，荣辱与共"的关系。对民主党派所办的报刊所刊载的文章或评论只要是符合情理和民意的，均应慎重对待，予以采纳，这对执政党的改进是大有益处的。

因此监督就必须是全方位的，不能留任何空白，特别是机制内部的监督尤为重要，是防患于未然的，会阻止或减少违法违纪的发生而促进廉洁。所以任何部门和个人都无权置于监督之外。只有得到有效的监督体制保障，才能防止人的恶性膨胀而侵害到他人，这应是人们一个永久的课题。

二、杜绝领导个人的独断专行

因而在重大问题决策上，就不应允许"一把手"一个人说了算。这就需要一个有效制度来做保障。因为各个部门的领导人，特别是最高领导人，若做出错误的决定而不能得到制止，则往往会给社会和人民带来巨大的损伤，甚至是灾难性的。为了避免出现这种可怕的后果，所有领导班子都应遵循集体领导分工负责制。凡重大事项都得事先做好充分的调查研究并提出可行性报告以防止瞎指挥，更要杜绝以往个人那种强词夺理，滥用权力来强制推行。因为它所带来的危害实在太大了。人民群众为此曾吃尽了苦头。对此，过去党内外人士也并不是没有人体认到，但在改革开放以前由于民主、法制的缺失，家长制作风盛行，"一把手"一个人说了算已习以为常。分析其原因不外乎由三个方面的因素促成：一是民众对领导干部的尊敬，特别是对领袖人物的爱戴，有些人硬要向个人崇拜方向引，甚至神化！造成对个人的迷信，这样一来，领袖人物的言行或决定就自然绝对正确无误，并"一句顶一万句"了，一个人说了算岂不名正言顺？那还监督什么？且又有谁敢来监督？殊不知任何人（包括领袖人物在内）其认知都有局限性，更何况人都有私心杂念，这也无可讳言，是不容置疑的，以往的历史就足以证明，所以，对个人的迷信和崇拜是绝对的错误。二是虽然有些人察觉到领导在某事或对某人的言行有不妥或错误，但慑于领导的权威，却不敢公开提出异议，纵有少数人勇于出面顶撞，提出批评或反对则往往会遭受到打击报复，甚至是灭顶之灾！三是总会有那么一些人喜欢给领导"吹喇叭""抬轿子"，在他们看来只要附和领导言行是最保险的，管它是对还是错。这样"一言堂"就在"吹喇叭""抬轿子"的情况下一路畅通无阻。说到这里，笔者也不得不再说几句。"吹喇叭""抬轿子"这种丑恶社会现象在历史各个时期都是一直存在的。这帮人出于个人自私和欲望对当权者不管对错都是一味地吹捧和阿谀奉承，而从不顾及这样做可能带来的危害和后果！当灾祸发生时也从来很少有负罪感的。因而，对这种恶行就必须进行揭露和抨击。2300多年前战国时的荀子就曾鲜明地提出："从道不从君，从义不从父，人之大行也。"（《荀子·子道》）也就是说，顺从真理而不顺从君主的无理；顺从正义而不顺从父亲的非正义，这是做人的最高品德！而"吹喇叭""抬轿子"之辈就是反其道而行之。但"吹喇叭""抬轿子"这种劣根性至今也并未消除，仍有那么一些人出于内心不可告人的需要，对过往一些人物的错误乃至罪过，仍在辩解和忽悠，就连对某些历史人物的性丑闻，在他们自己看来都是"没什么大不了的小节",吹捧者还要帮忙掩饰,甚至辟什么"谣",真是令人感叹!要知道只有深深地吸取过往沉痛历史的经验教训,才能避免悲剧的重演!现今,我们只能为人民的福祉而大吹喇叭,来抬众人之轿,以顺应民心。

当然,"一言堂"的产生主要还是内因起主导作用。若一个领导人自身不能谦虚谨慎,而是处处显得高人一等,总认为自己真理在手,一贯正确,若再掺和着个人私心杂念,不能"公"字当头就会听不得反面意见,更容忍不了对自己的批评,在不受组织和纪律的监督和制约下,就必然是个人独断专行,一个人说了算!现在,令人振奋的是,党的十八大修订党章第二章(六)中,增加了"党禁止任何形式的个人崇拜"这一律条,应是总结了以往惨痛历史教训的经验总结,可以说这对发扬党内、外民主具有里程碑意义!

但是,要真正得到遵守而落到实处,这要从思想和组织监督措施上,付出巨大努力!因为中国人毕竟受了3000年封建帝王思想的灌输,要从骨髓和灵魂中剔除,其艰巨性可想而知。握有权力的领导者本身就须厌恶和摒弃个人崇拜,凡对自己阿谀奉承和吹捧自己的人就要给以颜色,予以批评或教育,使这些人感到尴尬而自讨没趣,更得不到任何便宜和好处。做到这样确是很难的,俗语说"伸手不打笑脸人",何况人的一大弱点,就是总喜欢听别人的赞扬而不愿听别人的批评。要予以克服,就得有一个一切以人民利益为重的使命感和责任感,而不依自身的好恶和得失来考量。再是组织部门要加强检查和监督。对那些善于搞阿谀奉承和个人崇拜者要坚决制止,并进行相应的法纪教育和约束,因为阿谀奉承者可以说其中绝大多数内心深处都是想为个人捞到好处。所以对屡教不改者要予以严肃处理。总之,关键还在于领导者的态度,正如宋司马光所说的:"君主讨厌听人揭短,则大臣的忠诚便转化为谄谀;君主乐意听到直言劝谏,则谄谀又会转化为忠诚。由此可知君主如同测影的表,大臣便似影子,表一动则影子随之而动。"(《资治通鉴》)广大干部和群众也应体认到阿谀奉承和个人崇拜不仅是贬低自身的价值和人品,同时对国家和社会也是一种潜在的危害!

当然,上、下级的关系和行事的法纪规则必须遵守,而同志间日常礼貌和相互尊重也是理所当然的,这是做人的起码品德。这绝不属于阿谀奉承和个人崇拜的范畴。

但是,对任何握有重权的领导干部,对其权力的使用均须有所监督和制衡。这对防止各种不良后果的发生是非常重要的举措。其实对最高权力拥有者的限制和监督并非现时才有,早在1300多年前唐朝贞观时期开国皇帝李世民为了对自己的皇权有所限制和监督,特规定了一条,凡他所下诏书,必须有分管大臣的副署(签字盖印),否则将不得施行,也不具有法律效力。同样800年前的英国封建君主所签约的《大宪章》也有类似的内容。而在当今社会主义的中国理应会做得更加彻底和完善才是。

三、大力开展问责制

问责制适用于对行政机关人员的管理和监督。现时一些省、地市对施行问责制已有了一个很好的开端。据新华社报道:最近哈尔滨就出台了《哈尔滨市行政问责规定》,按照此规定:"新闻媒体曝光的应当列入行政问责事件;公民法人和其他组织提出的附有相关证据材料的投诉、检举控告;人大代表、政协委员通过议案、提案等形式提出的问题建议;上级或者同级人大、政府开展执法检查中提出的问责建议等8种情况，可以作为行政问责的案件来源。这些均可作为问责行政领导和公务员的依据。并对拒绝改正错误、隐瞒事实真相、干扰阻碍行政问责工作，将被从重处理。"

而贵州安顺市实行的干部作风问责制，则规定"因同一项工作被三次问责的，主要领导将受到停职检查、引咎辞职、责令辞职或免职等处分"。（以上均详见2012年3月5日《北京晚报》）这则报道对开启问责制这一检查监督举措，实在是一个良好的开端。但就全国整体情况来看，由于缺失统一的制度和规则，开展得还很不平衡，特别在执行上还显得那样软弱无力。但问责制确是一种追究公职人员失职或不作为的一个有效的基本制度和方法。无论是公职人员还是民众都应理解和习惯这种做法，对于培养政府的公正廉洁、提升政府为人民服务的质量都大有益处。笔者希望这种制度能够从中央到地方迅速扎实地开展起来。

还需特别指出的是，现时尚有为数不少政府行政人员把"为人民服务"的宗旨挂在嘴上，实际并不履行而是做官当老爷。正如吴官正在《民贵泰山》一书中所说的："有些人是人民为他服务！"这掷地有声的警语不正好说明问题吗？其实这正是反映出中国人深受封建等级观念思想的严重侵蚀而习惯成自然，要想彻底清除却极其艰巨！也是执政党今后须拿出更大魄力和勇气进行大力整治的重要领域。

四、舆论监督

就是接受社会公众的舆论监督，现今社会是借助多媒体，如电视、报纸杂志、广播、互联网等对一些政府官员和个人进行公开揭发，对其丑行予以公开曝光，而引起群众的热议和谴责，形成强大的舆论压力，以起到抑恶扬善的作用。

但若传播媒体受到不正当的控制，实情得不到如实报道，甚至说真话的人受到压制，而说假话奉迎者却大行其道，这样的舆论监督就会有其名而无其实了，更起到了恶劣的负面作用。当然，具体问题还需具体分析。从现时情况来看，还是互联网上群众发出的呼声最快、最有效。由于传播范围广能很快形成较强的舆论压力，且网络空间自由度大，网民较少顾忌，话说得尖锐，故能引起社会的重视，使问题能够得到较好的纠正和解决。当然若网上道听途说与事实不符甚至造谣惑众，如网络"名人"秦火火（秦志晖）就是一个"谣翻中国"造谣惑众的恶人。政府和群众也要进行坚决的制止和封杀，阻止其在社会上传播和扩散，因为这不仅是维护正当舆论监督的需要，也是避免对社会的和谐和安宁造成极其不利的影响所必需的。这是法制社会所不允许的。为此，2015年我国刑法也做了若干修改，对谣言惑众者要进行刑事追究。因为造谣惑众对社会安定来说确是一大危害。

在我国党和政府都是为民众服务，各类干部又是人民的公仆，所以接受新闻媒体和公众的舆论监督应是理所当然的。只有开放舆论监督，让媒体和群众畅所欲言，才是一种遏制人的恶性行为的有效手段，也是一个民主社会所必需的。

为了使人民实施有效的监督，政府应给予人民应有的知情权和监督权，并为此立法，建立健全相应的监督机制，使符合实际的监督言行能通过多种渠道无阻地施行。这里还有一个特别需要解决的问题就是使干部愿意接受人民的监督，最好的办法就是现行的人事制度需要做大的改革，改革的关键就是官应民选。先是实行村、乡、镇、县政府的"一把手"由人民直接选举产生，使地方干部真正体会到自己的职权是由人民赋予的，而不是由上级任命的，干得不好，人民还可经过合法程序予以罢免。这样干部在行使权力时不仅要对上级负责，更要对人民负责，要充分考虑民众的意愿和诉求，彻底改变干部只唯上，不唯下；只唯官，不唯民的心态。只有这样，社会的公平正义才能得到切实的保障。现时的实际情况，确有为数不少的官员缺乏为民众服务的公仆意识。其主要原因就是这些官员认为自己的权位是由上级任命的，只要对上级唯命是听，唯命是从就行，因为这与自己有切身利害关系，至于对民众，其心理就是"管字当头"，哪还有接受群众监督的余地。

曾见一篇很好的纪实文章，标题为《来自大狱高墙内的反思》，许多落马干部反思自己的堕落历程，得出这样一个结论：只有"权为民所赋"，才能"权为民所用"，必须要解决干部"只唯上、不唯下"或"多唯上、少唯下"的问题，让民意真正能够影响干部的前途。

河南省某县原县委书记认为，现在干部选拔任用方面还存在"一言堂"现象，都是领导干部说了算，而不是多数人说了算。如果领导有眼光，用了一个素质比较全面的干部，这个地区就稳定发展，反之就不断折腾。他说："什么时候干部升迁由多数人说了算，进行公开、公平、公正的竞争性选拔，官场生态就会更加健康。"记者点评：只有权由民所赋才能使官员们自觉做到情为民所系，权为民所用，利为民所谋。政府改革向县治突破，很重要的一个方面就是干部体制改革。只有"权为民所赋"才能更有效地发挥来自人民群众的监督作用（黄豁、殷耀、叶建平，《半月谈》）。这些都应是落马的县一级官员的肺腑之言。由此也可清晰地表明官为民选显得多么迫切，只有加大干部体制改革力度，才能较好地解决上述种种弊端。

但在舆论监督上也必须指出，各方的见解和批评意见，也应抱着实事求是的态度，只有合情合理且中肯的意见，才会起到防止或改正的实效。

当然监督也是全方位的，就是监督他人的同样也要被监督。这也是不争的社会现实。因为人是具有善、恶两面性的。有的人只一味监督别人，而绝不允许别人监督自己。甚至还有假借舆论监督之名捞取个人私利之实的骗子。如2014年9月3日《人民日报》上苏庆畅所披露的上海市公安局破获一起假借舆论监督为幌子，通过有偿新闻非法获取巨额钱财的特大新闻敲诈犯罪案件，就是最好的例证。该案涉及的21世纪网主编、副主编和部分采编、经管人以及相关2家财经委公关公司负责人等8名罪犯被依法逮捕，将受到法律应有的惩处！这就充分说明舆论监督者也必须被监督。

最后应予特别重视的就是防止贵族化特权阶层的出现。这就需对各级领导人员个人权限进行有效的限制和监督。对这一问题，刘少奇同志在1956年中共八届二中全会上就明确指出：对干部"什么事情，他有多大权力，什么事情不准他做，应该有一种限制"。并特别强调"国家领导人员的生活水平应该接近人民的生活水平，不应过分悬殊"（《共和国五十年》）。60年过去了，在这方面虽有很大改观，但还不尽如人意，特别是在一些官员贪污腐败上却是变本加厉，有增无减。而领导干部的生活待遇也过于优厚。如医疗卫生、住房条件等与人民群众相比仍过于悬殊。笔者在这里也没有想要搞绝对平均的意思，若是那样，既不合情，也不合理。因为分工不同、职责不同，对领导人员生活某些待遇和照顾不仅是工作所需，同时也在情理之中，应无可厚非。这里要说的是要适当，不要过分悬殊，这才是最紧要的。如最近报刊披露的一些省市的高干病房其豪华程度赛过星级宾馆，这就太过分了。笔者认为，领导人员的生活待遇应多体现在合理的工资水平上，并在年底像企业一样发一笔相当奖金作为酬劳一年的辛勤工作。除工作所需就不应再有其他特殊待遇，更应杜绝利用特权对其他公有资源的占有。最近，习近平同志也指出，人民群众痛恨各种消极腐败现象，最痛恨各种特权现象，这些现象对党同人民群众的血肉联系最具有杀伤力（《在十八届中央政治局第五次集体学习时的讲话》，2013年4月19日）。只有不断缩小领导人员与群众生活水平的差距和全国的贫、富差距，才能有利于社会和谐，有利于调动群众的积极性，有利于人们的扬善抑恶，同心协力建设好我们的国家。

鉴于苏联的经验教训，就必须防止贵族化特权阶层的形成，应加大和动员各方面的力量对现今各级领导成员的权限加以合理的限制和有效的监督。

早在2100多年前西汉大儒董仲舒就曾说过："凡人有忧而不知忧者凶；有忧而深忧之者吉！"此语已为历代史实所印证。这应引起当今最高当局的高度警觉！

第十七章

自 律

自律是超越社会法纪的制约和自我价值认知的体现，是基于良知的自我要求。表现在社会生活实践中，自己当做什么，不当做什么，来把握自己进行自我约束。特别是对诸多不正当的私欲能够自我克制而不去触犯，这对扬善抑恶来讲，应是最根本的途径。

众所周知，法规、法纪是人们社会生活中需要共同遵守的规范和准则，若违法、违规将会受到惩治。但这仅是事后的他律，而对事前所起的威慑和约束的作用，终究是有局限性的，这可从我们现实生活中屡见不鲜的知法犯法者的事实就清楚地说明了这一点。所以法律、法规并不能保证人人都会遵守，只有当人们真正理解到社会行为准则和规范是和谐人生和社会发展所必需的，才会自觉遵循。所以，只有外在规范和内在道德意识的体认趋向统一才是人们趋善避恶的完善之道，也是对人的完善治理。

关于对自律的期望和要求,从古至今都受到社会大众极大的推崇和高度的重视。早在2500多年前,孔子就曾对君子提出过这样的期望和赞许。他说:"君子义以为质,礼以行之,孙以出之,信以成之,君子哉!"(《论语·卫灵公》)这就是说,君子以道义作为根本,用礼仪加以实行,用谦逊的态度来表达,用诚信的方式去完成,这才是一个真正的君子啊!这就是一个品德高尚的人自律的表现。孔子还进一步提到"慎独"的问题。要求君子不仅在大庭广众下做到上述自我要求,而当在独处时也能严加律己。这在《中庸·天命章》中就有记载:"莫见乎隐,莫显乎微,故君子慎其独也。"宋朱熹解释为"隐,暗处也。微,细事也。独者,人所不知而己所独知之者,是以君子既常戒惧,而不致其滋长于隐微之中,以至离道之远也"(《四书集注,中庸章句》)。也就是说,当大家看不到的地方和自己的行为不易被发觉时,君子于此独处时要更加谨慎小心,不使不正当的欲望潜滋暗长,而做出不道德的事来。总之,"慎独"是一种自我修养的高尚品德的表现。只有具有良好的品德修养的人才能做到,它是自律的内在动力。正如古希腊哲人色诺芬所说:每一个人的本分岂不就是把自律看作是一切德行的基础,首先在自己心里树立起一种自制的美德来吗?有哪个不能自制的人能学会任何好事,或者把它充分地付诸实践呢?(《回忆苏格拉底》)。所以,不断加强人的自我道德修养,完善自我,加强自律,是对人性善的发扬和恶的遏制的最基本功力。

根据笔者的观察和体认,自身品德修养须从以下几个重要方面加以磨炼:

要知足。这里是专指在个人生活需求上要能知足,不应作非分之想，否则，往往会产生贪婪占有的欲念而侵害到他人，这正是人性恶的根源，当然，知足却有个程度界定，即只要是根据自己的经济条件来满足自己生活的需求，而不是用不正当的手段来攫取，这都属于知足的范畴。古人云："知足者常乐。"因为凡不知足者，往往因不能满足自己的需求而烦恼，有些人不安于自食其力，而是专走歪门邪道来满足自己的私欲。然而，欲壑是难填的，长此以往必定走上罪恶之路，结果十有八九会受到社会的惩戒。

所以，笔者认为，一个人在生活享受上的追求，应当遵循两个原则：一是适可而止，就是不要过度。因为任何生活上的过度消费，不仅浪费资源和金钱，且对自身也非必要甚或有害。如食过饱则伤胃，酒过度使人沉醉，营养过剩便会生病。以此类推衣、食、住、行皆如此。而最重要的还在于生活的过度要求，往往会引起个人的恶性索取。二是量入为出，适可而止。也就是说，生活用度必须限制在自身收入范围以内，不能透支。若没有那么多的收入却硬要追求更多享乐，则势必会产生邪念，使贪欲之心不断上升而走上违法犯罪之路。

不要自负。自负的人都是盲目自信的结果。总相信自己不相信别人，觉得自己很了不起，显得高人一等。在处事上，总认为自己判断正确，而别人往往是瞎扯淡。且自负过了头，也会变成狂妄。再有一种自负的人，在对事物的认识上好自以为是，特别对学说问题，表现出粗暴和武断，甚而谩骂和诅咒！更有甚者竟把自己当成了真理的化身，听不得别人半点不同意见，只凭自己的意愿，我行我素。这种人若是大权在握的话，就会凭借权势形成"一言堂"而独断专行。这样，无疑会给社会和他人造成极大的危害！这已被以往发生的惨痛事实所证明。其实有些自负的人，并不是不明白集体智慧的重要性而吸收他人好的意见可以完善自己的想法,"三个臭皮匠顶个诸葛亮"就说明了这个道理,特别是对有些事物明知道是不符合客观规律的,但却为了维护自己的权势、威望和私欲,他就是要那样!其结果是既害人也害己。克服自负心理和行为最根本的办法就是克服个人的私心杂念,服从大局,以人民的利益为重!从思想上真正体认到个人的才智总归有局限性,多一个人的帮助就多一分智慧,而集体的智慧肯定大于个人。同时也应认识到个人的自负和刚愎自用极有可能给他人或社会带来伤害。而一个具有责任心的人理应意识到这种危害性,而予以克服和改正。

要宽容。这可从与家庭成员相处做起。不能老用挑剔的眼光对待家人,再是,对一些非原则的过错,在指明后就应宽容,不应揪住不放,对他人的过错,只要对方有悔改的诚意就要抱欢迎的态度,因为宽容也是给对方改正错误的一次机会,因人一生犯有这样或那样的错误都是在所难免的。人生在世一点过错都不犯的人是没有的,就连圣贤也不例外。然而,对过错的宽容不应是无原则的。不能像西方教义所说:当别人打了你的左脸,你又伸过右脸让对方打。而西方人自己也从不遵守这一信条。相反,一些侵略分子往往打着"人权"的旗号将罪恶之手伸向他国和他人。所以,宽容也不是无限度的,不应超越法律公平正义的界定。否则,那不叫宽容而是纵容了!当然,宽容是一种美德,一种精神文明,但只有在非原则或虽犯错而确愿改正的情况下方能予以宽容。这是与人为善的表现,也是一个人心地宽广的良好品德。现时北京倡导的"爱国、创新、包容、厚德"的北京精神文明,其中的"包容"就是精神文明的重要内容之一。因为只有彼此相互谅解和包容,大家也才能生活在一个和谐社会中。再是我们做到宽容的同时,更应懂得对他人的感恩!

于此顺带说一句，能够宽容的人，对自身的健康还会大有好处，据美国纽约大学学者研究发现，宽厚待人的心血管病患者的抑郁和焦虑情绪明显减少，还能使心血管疾病发作频率也显著减少。

不要忌妒。忌妒是人性中挥之不去的普遍现象，是人的恶性生发的催化剂。因为忌妒实际上是与个人贪占欲牢牢粘连，总想自己占有，而不愿他人获得，若他人得到而自己未能得到或者他人所得远优于自己，内心均会产生不同程度的失落感，于是忌妒之心便会随之而起。这是一个人极端自私的另一种表现，是很要不得的丑陋心态。心存妒忌的人，总是见不得别人好过自己，也就是现时所称的"红眼病"。只要看到别人在才能、名位和生活境遇等方面比自己强，立刻就眼红，内心难受而产生不快之感，对别人的怨恨和仇恨便油然而起，并寻机付诸于行动。轻者在背后说坏话诋毁别人；重者就会耍阴谋，使绊子造谣中伤损害他人，直到因忌妒而杀人。古往今来，由于忌妒而发生的悲剧，真是不胜枚举。所以，忌妒实属人性恶的推动力。美国哲学家休谟就曾指出："妒忌是由别人的快乐刺激起来的。那种快乐在比较之下就削弱了我们的快乐观念，而恶意是不经挑拨而想嫁祸于人，以便由此获得快乐的一种欲望。"（《人性论》）由此可见，妒忌心理是一种想使别人的不幸而趴下以获取自己欣慰的愿望。具有这种心地的人难道不是很卑微鄙陋吗？其实，忌妒既对别人伤害，而对自己则伤害更重。正如英国罗素先生所说："忌妒的人他不是从自己拥有的一切汲取快乐，而是从他人拥有的东西中汲取痛苦。"（《幸福之路》）这又何必呢？

忌妒究其产生的根源还在于自身欲求总感到不满足。于是才会处处与别人来比较。比名誉地位，比工资待遇，比住房条件，比才能，比外表，甚至比到了下一代，看谁的孩子有出息。只要别人强过自己，心里就会不平衡。这种人只求自己要优越于别人，而不愿别人超越自己，最好是别人各方面都比不上自己，内心才会感到惬意。否则，就会妒忌而怨恨，并想方设法来贬损别人，这种不良的心态实在是有失做人的品位！

要想清除这种忌妒心理，就要学会懂得满足。也就是罗素所说"从自己拥有的一切汲取快乐"。所谓知足者常乐。有趣的是，在这方面罗素先生要求人们向孔雀学习。因为孔雀对自身就感到很满足。它认为自己是最美的，无须与别的孔雀相比较，所以，时常将自己的尾羽展示于人，如世人无不对"孔雀开屏"大加赞美。人若有了这种满足心情自然也就不会与别人比较而生妒忌了。我们说一个品德高尚的人，当看到自己的同乡、同学、同事或街坊邻居生活都过得优越愉快，理应持同一情感而感到高兴，并且，还会学习和吸取他们的优点和长处来努力改进自己。这也是正确为人之道。再说，别人的优势和长处也是别人勤奋和实干而获得，并没有损害你的利益，没有理由非妒忌他不可。若你硬有这种妒忌心理，除了损害对方外，你自己又能得到什么好处？可以说除了烦恼还是烦恼。所以凡持有这种妒忌心态的人还是趁早下决心改正好。这样，不仅使自己的心境宁静平和，也能和他人和谐相处，这样温馨生活应当乐而为之。总之，克制忌妒就是拆除人的恶性发作的引信。使善性得以发扬，恶性得到遏制，我们理应为之而努力！

要诚信。孔子云："人而无信，不知其可也。大车无輗，小车无軏，其可以行之哉?"（《论语·为政篇》）这里孔子形象地比喻做人若不讲诚信，不知道他怎么可以立身处世。就好像车失去了车辕横木两端的木销子一样，无法前行。说明一个人若不讲诚信就将寸步难行。社会现实也确实如此，一个诚实的人会得到人们的亲近和尊敬，与他人相处也才能和睦融洽；反之，若一个人不讲信用，则会人见人厌，被人唾弃而孤立。处此情况做人会感到尴尬，做事也难有成效。历史和现实都表明凡取得事业成功的人，至少都是具有诚信的品德。就拿中国商业的"老字号"来说，其牌子能叫得响，受人信赖且经久不衰，靠的就是"诚信"二字，其灵魂就是"货真价实"，也就是保证商品的质量和合理的售价。这比什么宣传广告都灵验。如北京的同仁堂药铺；全聚德烤鸭；六必居酱菜；瑞蚨祥绸缎庄；同升和鞋帽店等无一不具有此种品格。反观现时有些企业不是靠诚信赢得顾客的信任而是靠虚假广告来忽悠消费者。他们一是在价格上大喊什么赔上血本大减价，实际做法大多是将原有价格抬高再降，有的降价后竟比原价还高！二是在产品质量上夸大其词，言过其实，甚至以次充好。这种做法终究会败露，事业还会获得长久发展吗？正如孟子所说："诚者，天之道也；思诚者，人之道也。全诚而不动者，未之有也；不诚未有能动者也。"（《孟子·离娄上》）意思是说，诚是自然的道理；追求诚是做人的道理，怀有赤诚之心的人，是定能感动他人的，而没有诚信的人，又有谁会被感动。所以，诚实守信是做人的基本准则，是人与人之间和睦相处的关键，也是一个人不失人品和尊严的最低筹码。让我们共勉之。

不要虚伪。虚伪是一个人不老实的表现。这种人嘴里说的和心里想的并不是一回事，俗语说的"问客杀鸡"就属于此类情况。对人虚情假意是一种对别人极不尊重的行为，久而久之别人也只好对你敬而远之了。只有你诚恳待人，别人也会对你更加亲近。记得前几年一位同乡加同学拎着一瓶名酒来看笔者，笔者"啊"了一声说："这瓶酒不便宜吧？"他忙解释说："这是商家降价打折促销的。"听后笔者并未感到不舒服，反而为他的诚实所感动，觉得这位老同学确是实在的，亲切感油然而生！

当然，虚伪若仅表现在虚情假意浅层面上，虽然这不是做人的本分，倒也无妨大碍，因为至少本身尚无恶意，也无损于人。但虚伪若发展到巧言令色，心怀鬼胎的程度，就像民间俗语说的那样"嘴里喊哥哥，腰里掏家伙"，那就需要特别警惕了，因为他会恶性伤人的。由于这种人善于伪装，表面上和颜悦色，内心却另有盘算。正如孔子所指的"匿怨而友其人，左丘明耻之，丘亦耻之"（《论语·公冶长》）。即把对一个人的怨恨隐藏于心，但是表面上却装成友善的样子，这是令人可耻的，应有所警觉，因为这种人很阴险，远离为妙，同时这种人让人一时难以察觉，等你明白过来，也深受其害了。要充分揭示这种虚伪的嘴脸是多么阴险丑陋而让人深恶痛绝！

所以，一个人切不要虚伪，老实做人才是人的本色。只有真正"做老实人，说老实话，做老实事"。才能推动社会和谐发展和进步。也是社会共同的企愿！一个虚情假意的人既不尊重别人，也是有损于自己的人品的。虚伪若是上升到恶性伤害他人的地步，其嘴脸终将被揭露，也将落得身败名裂的下场，前车之鉴不可不畏！说到底一个自重的君子就得远离虚伪！

当然，人性的弱点远不止这些，但上述因素对人性善、恶的影响来讲，却是至关重要的。

总之，自律是一个人至善修养的功夫，其灵魂就是"自觉"。始终做到与人为善、忠贞不渝！

最后，还需指出的是，对人的扬善抑恶的种种举措，要能一一得以顺利施行，还得要有一个公正廉洁的政府和诚心诚意为民众服务的公仆，来切实保障社会的公平正义，并在发展国家经济实力基础上，不断改善人民的生活水平，这是所有举措的前提条件。总之，只有政府和人民同心，民主与集中同行，德治与法治并举，监督和自律互动，这样才能有效地对人的后天起到扬善抑恶的作用也才能构成一个美好和谐的社会，而一个强大富裕的新中国也定会永远屹立在太阳升起的东方大地。中华民族伟大复兴之路在中国共产党的民主政治坚强领导下，定能实现！

附录一

我与他[*]

我 2017 年 3 月过的 91 岁生日，现已向 92 岁迈进了。在这漫长的岁月中我所认识并有交往的人难以计数，其中不乏交情颇深、亲如兄弟的好友，遗憾的是他（她）们都先后作古了。

我自 2016 年 4 月住进北京双井恭和苑老年公寓以来，至今已有一年多，在这里又结识了多位知心朋友，大家互赠自己的著作或礼物，相处十分融洽，彼此亲如兄弟姊妹。

2017 年春节后不久新入住的季一举先生，一见面就赠我一本他的

---

[*] 本文作者邱陵，原为新华书店总店主办的《社科书目报》主编兼中国国际广播出版社特邀编辑，退休后曾任原中国新闻出版总署老年书画联谊会理事、后为新西兰中国书法家协会会员、新西兰中华文化交流协会顾问、世界华文作家协会第九届与第十届两届代表会代表、亚洲华文作家协会第十四届代表会代表、中日韩国际书法礼仪研究院教授、中国新闻培训网组织企事业职工书画大赛高级顾问、嘉海书画院荣誉顾问，先后担任《中国书法今鉴》《翰墨人生》等几十部书的编辑或编审。出版有《澄怀斋杂录》《我的新西兰情结》等著作。

著作——《谈人性的善与恶》，拜读后使我在哲学领域增长了不少知识，后来经过交谈，加深了了解，进而也成知心好友了。当知道他要写《再谈人性的善与恶》一书时，我决心大力支援，先是找印刷厂把他的手写书稿打印出来，目前是在打印稿中由他本人逐一校对、修改，由我协助在电脑中录入，并参加修改意见，从排版格式到内容，甚至标点符号也不放过。到目前为止，反反复复已补充、修改不知多少次了，目的是尽可能使内容完善与减少差错。

我过去曾为他人编辑、编审、出版过几十部书，但是没有一部哲学方面的。说实在的，我上大学时虽有哲学课，由于缺乏兴趣根本没有学好，因此即使有哲学方面的书稿，我也无能为力当任编审。这次见到季一举先生哲学方面的书稿，我正好可以趁机学习，来补上哲学这一课。

《谈人性的善与恶》触及几千年以来的人性论，人类的本性是善是恶？在西方哲学界曾挑起一场激烈的论战，这是道德与天性的问题。达尔文认为，天性是不受干扰的，是一种幸福，而赫胥黎则认为，人性本恶，是文明拯救了他。我国孔子认为，人性本善，孟子继承其学说，以"仁、忠、信"为主，以"礼节、伦理"为辅，大力提倡"忠信、仁义"，认为人性本善。与孟子同时代的告子则相反，认为人性无善无不善，反对性善说，主张人性根本没有善恶、仁义之分，须借助外力加以矫正，才能使其向善。其后的荀子虽很崇拜孔子，但却反对孟子的性善论，强调人性本恶。孰是孰非，迄无定论。

从唯物的哲学角度来看，善与恶共生而又矛盾，是客观现实的现象，由外物和内因共促成。而从唯心的哲学角度看，善与恶共生一体，只是观念上不因外物而动，皆以人性为转移。季一举为了针对当前出现的现实问题，决心进一步更深入地进行探讨，乃有写《再谈人性的善与恶》的想法。为此他广泛阅读中外许多名著，外国的有《柏拉图全集》、皮埃尔·阿多的《古代哲学的智慧》、斯宾诺莎的《伦理学》、休谟的《人性论》、色诺芬的《回忆苏格拉底》、亚里士多德的《尼各马可伦理学》、叔本华的《伦理学的两个基本问题》、罗素的《西方的智慧》、库利的《人类本性与社会秩序》、和田秀树的《简单的心理学》等；中国的就更多了，如《论语》《孟子》《老子》《墨子》《荀子》《庄子》《管子》《韩非子》《易经》《左传》《晏子春秋》《资治通鉴》《中国通史》等以及王阳明的《传习录》、朱熹的《朱子语类》、韩愈的《唐宋八大家全集》、李翱的《李文公集》、王充的《论衡》、谭嗣同的《仁学》、程颢与程颐的《二程集》、董仲舒的《春秋繁露》，还有《冯友兰谈人生》、《季羡林谈人生》、黎鸣的《问人性东西文化500年的比较》等，还从中外报刊上的有关文章中，吸取新知识、新资料，由此足见季一举的写作是非常认真和用心的。

　　我在通读季一举《再谈人性的善与恶》书稿后，发现他引经据典，既肯定其正确部分又指出其中错误和不当之处，同时还对现今有些人的错误说法加以驳斥，如有人说：自私是私有制这种社会关系的反映，那就是说，是私有者社会特有的心态和行为方式，而不是天性。作者认为，其观点错在把人的先天和后天性混为一谈，是将人的后天性所呈现的社会心态和行为方式，来替代人的先天所具有为己的自私天性，将人的先天和后天完全割裂，颠倒了是非，这是不可能的。季一举先生还告诉我，有一位学者认为人性的善与恶都是不确定的，是随着时代的不同、阶级的不同而变化。为了证明他的看法正确而举例说："皇帝的'初夜权'（即新娘出嫁的首夜得与皇帝过），以及为守节妇女立牌坊等当时都不是坏事而是大大的善行。"而且那人甚至还说"同情心也不一定都是善心",他拿汪精卫为例,"汪精卫是出于同情而投靠日本,证明同情心不一定都是善心"。殊不知"初夜权"是封建皇帝摧残少女的人身;而为守节妇女立牌坊,名为表彰,实际是对妇女自由的剥夺,汪精卫的行为那是叛国投敌、认贼作父,根本不是同情心。那这些说法真让人匪夷所思!

关于自私心的问题季一举在书稿中做了分析,自私的定义应是"为了自己,有利于自己"。但只要不妨碍他人的利益并不算错,因为趋利避害是自身生存所必需的,是不教而知不学而能,是人的生理机能的自然反应,也即与生俱来的天性。所以自私没有什么错,是完全合理合法的,如个人合法财产受法律保护,就是这个道理。可是有人私欲膨胀,贪财无度,那是犯罪必将遭到法办。书稿中已举有多个事例,其中康生的被揭发可算是一个较突出的例子。然而当我看到王立军写的一份自白书后,觉得薄熙来在某些方面大有超过康生之势。他为了篡夺政权,不择手段,利用王立军,两人狼狈为奸,干尽坏事,弄虚作假,设局陷害,特别是他们搞的"唱红打黑"花招,一时威震全国,王立军本人成了"打黑英雄"。实际上他们是打着正义的旗号,暗地里却干着见不得人的罪恶勾当。"唱红"的目的是造势,渲染薄熙来是根正苗红的红二代,足可担任党和国家的领导人;"打黑"更是捏造事实陷害他人。自白书中说,他们包装拼凑和策划了600多个黑社会,抓了数万人,其中数千人被判刑,内有数百人被判重刑和极刑,其中富豪数十人……一下子他们搞到1000亿元的民企财产,立即便富得流油了。那些被处理人的家属,由于是涉黑的罪名,除了向他们求情,谁也不敢说话。他们大开杀戒,真是无恶不作,伤天害理,由此祸害社会、侵犯他人生命财产,可以说恶到极点了,无疑是犯罪,这就是人性恶的一面的具体表现。薄熙来、王立军之流与康生共同的特点，就是对权力地位的贪婪占有和对财富的肆意侵占，而薄熙来等更有过之而无不及，因此遭到法办，是罪有应得。

话题扯远了，季一举的《再谈人性的善与恶》有理论，有事例详细论述人的本性问题，说明人的善、恶本性，仅指人的先天具有善、恶的因素，是人的后天善、恶行为生发的原因和根源。季一举这样的认知，是完全符合社会实际的，我百分之百的赞同。

我有缘认识季一举先生非常高兴，在他新书即将问世前他定要我写几句话放在书后，恭敬不如从命，乃就愚见写此数语，言不及义，请读者谅解，并此说明。

邱　陵
2017年7月21日于北京双井恭和苑

附 录 二

人性与体育*

大概是初夏的一个中午,在我们老年公寓的花园里,老人们兴致勃勃地谈起人性这个自古以来争论不休的话题,它涉及哲学、伦理学、宗教学和社会学的复杂问题,大家谈的都不太靠谱。唯独新来的季一举侃侃而谈,似乎胸有成竹。后来他送了我一本他的著作《人性的善与恶》,我才知道他研究这个问题已达 10 年之久。准备再版一本《再谈人性的善与恶》。而且已经成稿,我很佩服他的毅力和学术责任心,这块"骨头"是不好啃的,"明知山有虎,偏向虎山行"。对于一位住养老院的高龄老人来说,非常难得,令人钦佩。

说来有趣,我和季一举还是地道的校友。我 1950 年毕业于上海震

---

* 本文作者熊斗寅,为国家体育总局体育科学研究所研究员,北京师范大学兼职教授,中国老教授协会奥林匹克专家委员会主任兼首席专家。

旦大学法学院经济系，新中国成立后教育改革，所有教会学校都合并到公立大学。震旦大学和复旦大学本来就有历史渊源，我们法学院全盘并入复旦大学。复旦大学承认我是校友，而季一举是复旦大学法学院经济系毕业的。论资排辈我算不折不扣的大师兄了。所以义不容辞，为他的著作出版说几句。

这本新版著作有许多改进和发展，内容丰富多彩，引人入胜，举例很多，可读性强。把这样一个复杂而单调的理论问题写成科普读物是下了功夫的，所以我相信读者一定会得出结论。季一举并非专业的理论家，作为一名业余爱好者尤其难得。我高兴地郑重地向读者推荐。

我对人性问题除了从小在私塾读《三字经》得出的印象外，几乎毫无所知。但这次和季一举的交谈以及他书中第三篇《人性后天的可塑性和导向》很有启发。我认识到人性不是一成不变的。与其说人性有善恶两种基因，倒不如说人之初还是一张白纸，不同的家庭和社会教育以及社会环境都能塑造一个人的人性，同时也在不断改变人的人性。我这些年从事体育理论工作，特别对奥林匹克运动有比较深入的了解。现代奥林匹克运动创始人顾拜旦是我多年的研究对象，他的著名散文诗《体育颂》是我翻译出版介绍到中国的。

顾拜旦用诗的语言，把体育说成是美丽、正义、勇敢、荣誉、健康、进步与和平的化身。他对体育的深刻理解几乎是前无古人的，他说体育是"天神的欢娱，生命的源泉"。它的出现像是"高山之巅出现的晨曦，照亮了昏暗的大地"。当我们在翻译这句话时开始不太理解，后来想到他所在的资本主义刚刚兴起的历史时期，欧洲社会相当混乱，他想通过体育教育来荡涤社会的污泥浊水，使青年一代健康成长。这是他毕生为之奋斗的教育改革和复兴奥运的真正目的。他的体育价值观绝非仅仅是锻炼身体或是出好成绩，而是通过体育净化人的灵魂，提高人的思想情操，追求人类的真、善、美。以达到建立一个人类不断追求的理想社会的目的。

可能人们不太理解人性与体育有什么关系，事实上体育是塑造人性的重要手段。运动员在训练过程中，培养了坚强的意志和超人的智慧。过去误以为运动员"四肢发达，头脑简单"。其实现代体育不仅靠体力，更要靠科学与智慧。有人统计，美国历任总统一半以上在学校是体育尖子。日本松下电器公司创始人松下幸之助，就要选择运动员型的高级高管，他们有一种勇敢和创新精神。这些不都是人性的表现吗？

希望读者从季一举的著作中得到启发，使得全民人性优化，道德水平大大提高，为振兴中华和实现中国梦获得伟大成就。

熊斗寅
2017 年 8 月 10 日于北京恭和苑

附录三

一管之见[*]

季一举先生拿来他的新作《再谈人性的善与恶》书稿要我提意见,这于我是一大难题,老实说我只有学习的份儿。尽管小时候已知孟子与荀子就此问题有过相反的主张,但读书不求甚解的我,却没有去仔细研读前贤们的论述,更没有深入的思考。

长大以后才逐渐懂得了所谓善恶,本质上是指人的社会行为而言,是社会观念对人的言行所做的规范,因此离开人的社会行为是谈不到善

---

[*] 本文作者成德新,字万怀,湖南湘潭市人,1932年生,湘潭中学毕业。1949年从艺,历任前湘潭地委建设文艺工作团、湖南省话剧院、中央电影学校(现北京电影学院前身)表演系、北京电影演员剧团、北京电影制片厂等单位影、视、剧美术设计。为国家高级舞台美术设计师,中国电影家协会会员。离休后任海内外多家书画协会会员、特约创作员、特约研究员、顾问、艺术委员、名誉主席。书法篆刻作品在国内多省市(含港、澳、台地区)及日、韩、泰、俄、法、美、新加坡、加拿大、巴西等国多个城市展出,被相关书画协会及展馆收藏,并在国内外频频获奖。出版有诗、词、联、书法、篆刻专著《廉石斋正业外集》。

恶之别的。《三字经》首句所谓"人之初,性本善",论述的是无意识的婴儿的本性,这就如同探讨没有社会观念规范的动物的本能有无善恶之分一样,结论当为无善亦无恶,这与附录二中熊斗寅先生的"一片白纸"的观点是相通的。

既然善恶是社会的道德规范,那么不同社会的道德观念必然也会有所不同,比如古人的"君君、臣臣、父父、子子",当时是天经地义的道德信条,身体力行绝对是善行。而时至今日,君君、臣臣已完全不能成立,父子关系也必须赋予新的内涵,这就是说,善恶的标准也是要随着社会发展而变化的。但是否可以此引申出当今的善恶标准完全不能用来评价历史人物的结论呢?否,除了应以历史的眼光评论历史人物之外,至少还有几条是我们可以用来评价不同社会制度下与不同历史时期人物的。那就是:有益于广大人民群众的根本利益,有益于社会的发展与进步,有益于民族间及人类与自然间的和谐共存,与此相符的言行是善,反之就是恶。

在此基础上,我同意季一举先生关于法治与德治互补的观点,也赞同他抑恶扬善的论述。在经过"以阶级斗争为纲"和"无产阶级专政下继续革命"以及"白猫黑猫论""让少数人先富起来"等主张的多年折腾之后,我们不幸而再度陷入"礼崩乐坏"的局面。

季一举先生旁征博引,条分缕析的洋洋巨著之应时而出,就包含着他对国家、社会乃至历史的责任感,表现出了一片赤诚的爱心与善念。我在此为他点赞!

成德新
2017年秋于北京双井恭和苑